ÉLÉMENTS

DE

TRIGONOMÉTRIE

RECTILIGNE ET SPHÉRIQUE,

PAR DELISLE,
Ancien Examinateur d'admission à l'École Navale, Professeur honoraire et Officier de l'Université,
Officier de la Légion d'honneur.

ET

GERONO.

SEPTIÈME ÉDITION,
REVUE ET AUGMENTÉE.

PARIS,
GAUTHIER-VILLARS, IMPRIMEUR-LIBRAIRE
DU BUREAU DES LONGITUDES, DE L'ÉCOLE POLYTECHNIQUE,
SUCCESSEUR DE MALLET-BACHELIER,
Quai des Augustins, 55.

1876

ÉLÉMENTS
DE TRIGONOMÉTRIE
RECTILIGNE ET SPHÉRIQUE.

PARIS. — IMPRIMERIE DE GAUTHIER-VILLARS,
Quai des Augustins, 55.

ÉLÉMENTS

DE

TRIGONOMÉTRIE

RECTILIGNE ET SPHÉRIQUE,

PAR DELISLE,

Ancien Examinateur d'admission à l'École Navale, Professeur honoraire et Officier de l'Université, Officier de la Légion d'honneur,

ET

GERONO.

SEPTIÈME ÉDITION,

REVUE ET AUGMENTÉE.

PARIS,

GAUTHIER-VILLARS, IMPRIMEUR-LIBRAIRE,

DU BUREAU DES LONGITUDES, DE L'ÉCOLE POLYTECHNIQUE,

SUCCESSEUR DE MALLET-BACHELIER,

Quai des Augustins, 55.

1876

TABLE DES MATIÈRES.

CHAPITRE PREMIER.

NOTIONS PRÉLIMINAIRES. — THÉORIE DES LIGNES TRIGONOMÉTRIQUES.

CHAPITRE II.

CONSTRUCTION DES TABLES TRIGONOMÉTRIQUES.

CHAPITRE III.

RÉSOLUTION DES TRIANGLES RECTILIGNES.

Pages.

CHAPITRE IV.

RÉSOLUTION DES TRIANGLES SPHÉRIQUES.

CHAPITRE V.

FORMULE DE MOIVRE ET SES APPLICATIONS. — RÉSOLUTION DE L'ÉQUATION DU TROISIÈME DEGRÉ AU MOYEN DES TABLES TRIGONOMÉTRIQUES.

CHAPITRE VI.

NOTIONS SUR LES DÉRIVÉES DES FONCTIONS CIRCULAIRES DIRECTES ET INVERSES. — DÉVELOPPEMENTS EN SÉRIES CONVERGENTES DE $\sin x$, $\cos x$, $\operatorname{tang} x$. — CALCUL DU RAPPORT DE LA CIRCONFÉRENCE AU DIAMÈTRE.

NOTES.

FIN DE LA TABLE DES MATIÈRES.

ÉLÉMENTS
DE TRIGONOMÉTRIE
RECTILIGNE ET SPHÉRIQUE.

CHAPITRE PREMIER.

NOTIONS PRÉLIMINAIRES. — THÉORIE DES LIGNES TRIGONOMÉTRIQUES.

1. L'objet principal de la *Trigonométrie* est de *résoudre* les triangles. Résoudre un triangle, c'est trouver, par le calcul, les valeurs des côtés et des angles lorsqu'on a un nombre de données suffisant pour que le triangle puisse être déterminé.

La géométrie apprend à construire un triangle rectiligne quand on connaît trois de ses six parties, pourvu que parmi les données il y ait au moins un côté; mais les constructions graphiques ne permettent pas de déterminer le degré d'approximation avec lequel les résultats sont obtenus. En substituant le calcul aux constructions, on peut obtenir les parties inconnues avec une approximation aussi grande que l'on voudra.

Pour substituer le calcul aux constructions géométriques, il est d'abord nécessaire d'exprimer en nombres les données de la question. A cet effet, on rapporte les longueurs des lignes à une certaine droite prise pour unité.

Pour évaluer les angles, on divise la circonférence en un certain nombre de parties égales nommées *degrés*. Le nombre des degrés contenus dans l'arc qui mesure l'angle exprime le nombre de degrés de l'angle.

Nous adopterons *l'ancienne subdivision de la circonférence en* 360 *degrés*, parce que les Tables de logarithmes dont nous ferons usage se rapportent à cette subdivision. L'angle droit vaudra 90 *degrés*; le degré sera subdivisé en 60 *minutes*, la minute en 60 *secondes*, la seconde en 60 *tierces*, etc. On indiquera les degrés, minutes, secondes, au moyen des signes °, ′, ″. Ainsi, pour désigner un angle de 24 degrés 17 minutes 58 secondes, on écrira 24° 17′ 58″.

Dans la *nouvelle subdivision*, la circonférence est partagée en 400 parties égales nommées *grades* ou degrés *centésimaux*. Le degré vaut 100 minutes, la minute 100 secondes, la seconde 100 tierces. En prenant pour unité le quart de la circonférence ou le *quadrant*, un arc de 24 degrés 17 minutes 58 secondes sera exprimé par la fraction 0,241758.

Définition des lignes trigonométriques.

2. Le SINUS d'un arc est la perpendiculaire menée de l'une des deux extrémités de l'arc sur le diamètre qui passe par l'autre extrémité.

Ainsi, le sinus de l'arc AB (*fig.* 1, *Pl. I*) est l'une quelconque des perpendiculaires BD, AE, abaissées des extrémités B, A, de l'arc, sur les diamètres ACA', BCB'. Il est d'ailleurs évident que ces perpendiculaires BD, AE sont égales entre elles.

Le sinus d'un arc est la moitié de la corde qui sous-tend un arc double. Car la perpendiculaire BD est la moitié de la corde BF, qui sous-tend l'arc BAF double de l'arc AB.

LA TANGENTE TRIGONOMÉTRIQUE d'un arc est la portion de la tangente indéfinie, menée à l'une des deux extrémités de l'arc, comprise entre le point de tangence et la droite indéfinie qui passe par le centre et par l'autre extrémité de l'arc. Ainsi, l'une quelconque des lignes égales AG, BH est la tangente de l'arc AB.

LA SÉCANTE d'un arc est la portion de la droite indéfinie, menée du centre à l'une des deux extrémités de l'arc, comprise entre le centre et la tangente indéfinie menée à l'autre extrémité de l'arc.

L'une quelconque des droites égales CG, CH est la sécante de l'arc AB.

Enfin, le SINUS VERSE d'un arc est la distance de l'une des deux extrémités de l'arc au pied du sinus mené par l'autre extrémité.

Le sinus verse de l'arc AB est AD ou BE.

3. On nomme *complément* d'un arc la différence qu'on obtient en retranchant cet arc de 90°. Il en résulte que le complément d'un arc plus grand que 90° est négatif.

Le sinus, la tangente, la sécante et le sinus verse du complément d'un arc se nomment le *cosinus*, la *cotangente*, la *cosécante* et le *cosinus verse* de cet arc.

Par exemple, en supposant que l'arc ABD = 90° (*fig.* 2), l'arc BD sera le complément de AB. La droite BQ, sinus de BD, sera le cosinus de l'arc AB. De même, les droites DE, CE, DQ, représenteront la cotangente, la cosécante, le cosinus verse de l'arc AB.

4. Les lignes trigonométriques d'un arc doivent être considérées comme des nombres qui représentent les rapports de ces lignes au rayon, pris pour unité. Cette hypothèse sur la valeur du rayon sera conservée dans les relations théoriques que nous aurons à étudier dans la suite.

Les nombres dont il s'agit peuvent être, suivant les cas, positifs ou négatifs; c'est ce que nous allons exposer immédiatement.

Des valeurs et des signes que prennent les lignes trigonométriques.

5. Nous venons de considérer les différentes lignes trigonométriques d'un arc AM (*fig.* 3), moindre que le quart de la circonférence. Lors-

qu'un arc est plus grand que 90°, plusieurs de ses lignes trigonométriques peuvent prendre des situations opposées à celles qu'elles avaient quand l'arc était moindre que 90°. Par exemple, lorsque l'arc considéré, AM', est compris entre 90° et 180°, sa tangente représentée en grandeur absolue par AT', a, par rapport au point A, une situation opposée à celle de la tangente AT de l'arc AM moindre que 90°.

Pour que les formules trigonométriques conviennent à des arcs quelconques, il est nécessaire de distinguer les directions opposées des lignes trigonométriques; à cet effet, on affecte du signe + les lignes qui tombent dans un sens déterminé, et l'on donne le signe — aux lignes qui prennent une direction contraire.

En général, si l'on considère sur une ligne quelconque, droite ou courbe, différentes distances à partir d'une origine déterminée, on conviendra de donner à ces distances le même signe lorsqu'elles seront prises d'un même côté de l'origine, et de leur donner des signes contraires lorsqu'elles tomberont de côtés différents. Au moyen de cette convention, les formules deviendront générales. On peut d'ailleurs disposer, comme on voudra, du sens dans lequel les distances seront positives.

Nous prendrons pour origine commune des arcs, positifs ou négatifs, un point quelconque A de la circonférence (*fig.* 3). Les arcs positifs seront comptés dans le sens ABA', et les arcs négatifs dans le sens contraire AB'A'.

C'est ici le lieu d'établir une proposition importante. Soient toujours A (*fig.* 3) l'origine des arcs; AA', BB', deux diamètres perpendiculaires entre eux. Nous allons prouver que si l'on considère le point B comme une nouvelle origine, et que le sens des nouveaux arcs positifs soit celui de BA, deux arcs *complémentaires*, dont les origines respectives sont A et B, auront la même extrémité.

En effet, soit a un arc, positif ou négatif, ayant A pour origine, et M pour extrémité; le complément est $(90° - a)$, et comme B est par hypothèse l'origine de ce complément $(90° - a)$, pour trouver l'extrémité de l'arc $90° - a$, on prendra d'abord 90° de B en A, et il restera à prendre $(-a)$ à partir de A, le sens des arcs positifs étant celui de BA; ou, à prendre $(+a)$ en supposant que le sens des arcs positifs soit celui de AB. Il est évident que l'on revient ainsi au point M. C'est ce qu'il fallait démontrer.

On conclut de là que le cosinus d'un arc quelconque a, positif ou négatif, ayant A pour origine et M pour extrémité, est représenté par la droite MD, ou par CP. La cotangente et la cosécante de cet arc sont représentées par les lignes BS, CS, en ayant égard aux signes qui appartiennent à ces différentes lignes.

D'après les conventions généralement adoptées, on donne le signe + aux sinus et aux tangentes situés au-dessus du diamètre AA', et le signe — lorsque ces lignes sont au-dessous du diamètre. Les cosinus et cotangentes ont le signe + ou le signe —, suivant que ces lignes sont dirigées à droite ou à gauche du diamètre BCB'. Enfin, la sécante est affectée du signe + ou du signe —, suivant qu'elle se trouve sur la droite menée du centre à l'extrémité variable, M, de l'arc, ou sur cette ligne prolongée en sens contraire. Il en est de même pour la cosécante.

6. Les angles d'un triangle étant chacun moindres que deux angles droits, les arcs qui les mesurent sont plus petits qu'une demi-circonférence; mais l'application des formules de la trigonométrie ne se borne pas uniquement à la résolution des triangles, elle s'étend à un grand nombre de questions où l'on a à considérer des arcs non-seulement plus grands qu'une circonférence, mais encore susceptibles de varier depuis zéro jusqu'à l'infini positif ou négatif. Il convient donc de déterminer les variations que subissent les grandeurs et les signes des lignes trigonométriques d'un arc a qui augmente d'une manière continue depuis zéro jusqu'à l'infini.

En prenant le point A (*fig.* 3) pour origine des arcs, concevons qu'un arc AM croisse depuis 0° jusqu'à 90° : il est évident que le sinus MP de cet arc augmente depuis zéro jusqu'au rayon CB; la tangente AT augmente de zéro à l'infini, et la sécante CT depuis le rayon CA jusqu'à l'infini. Les trois lignes complémentaires vont, au contraire, en diminuant : le cosinus CP depuis le rayon CA jusqu'à zéro; la cotangente BS de l'infini à zéro, et la cosécante CS de l'infini au rayon CB.

Ainsi, en supposant toujours le rayon du cercle égal à l'unité, on a

$$\sin 0^\circ = 0, \qquad \operatorname{tang} 0^\circ = 0, \qquad \text{séc}\, 0^\circ = 1,$$
$$\sin 90^\circ = 1, \qquad \operatorname{tang} 90^\circ = \infty, \qquad \text{séc}\, 90^\circ = \infty,$$
$$\cos 0^\circ = 1, \qquad \operatorname{cotang} 0^\circ = \infty, \qquad \text{coséc}\, 0^\circ = \infty,$$
$$\cos 90^\circ = 0, \qquad \operatorname{cotang} 90^\circ = 0, \qquad \text{coséc}\, 90^\circ = 1.$$

Si l'arc continue à croître de 90° à 180°, le sinus M'P' reste positif, et diminue depuis le rayon CB jusqu'à zéro. La tangente AT' devient négative, et sa valeur absolue décroît depuis l'infini jusqu'à zéro. La sécante CT' est aussi négative, et sa valeur absolue va de même en diminuant de l'infini à l'unité. Le cosinus CP' est négatif et varie de zéro à — 1; la cotangente BS' est négative et varie de zéro à l'infini. La cosécante CS' reste positive et augmente depuis l'unité jusqu'à l'infini. On a donc

$$\sin 180^\circ = 0, \qquad \operatorname{tang} 180^\circ = 0, \qquad \text{séc}\, 180^\circ = -1,$$
$$\cos 180^\circ = -1, \qquad \operatorname{cotang} 180^\circ = \infty, \qquad \text{coséc}\, 180^\circ = \infty.$$

L'arc continuant à croître depuis 180° jusqu'à 270°, le sinus M''P' devient négatif, et sa valeur absolue augmente de zéro à 1. La tangente AT est alors positive et augmente de zéro à l'infini. La sécante CT reste négative, et sa valeur augmente de 1 à ∞. Le cosinus CP' reste de même négatif et décroît, en valeur absolue, depuis l'unité jusqu'à zéro. La cotangente BS, positive, diminue de ∞ à 0. La cosécante CS, négative, diminue de ∞ à l'unité. De sorte que

$$\sin 270^\circ = -1, \qquad \operatorname{tang} 270^\circ = \infty, \qquad \text{séc}\, 270^\circ = \infty,$$
$$\cos 270^\circ = 0, \qquad \operatorname{cotang} 270^\circ = 0, \qquad \text{coséc}\, 270^\circ = -1.$$

Lorsque l'arc augmente de $270°$ à $360°$, le sinus est négatif et varie de -1 à 0. La tangente est négative, et varie de ∞ à 0. La sécante redevient positive et diminue depuis l'infini jusqu'au rayon. Le cosinus est aussi positif et augmente de 0 à 1. La cotangente, négative, varie de 0 à ∞. La cosécante est de même négative, et sa valeur absolue augmente depuis l'unité jusqu'à ∞. Par conséquent,

$$\sin 360° = 0, \qquad \text{tang}\, 360° = 0, \qquad \text{séc}\, 360° = 1,$$
$$\cos 360° = 1, \qquad \text{cotang}\, 360° = \infty, \qquad \text{coséc}\, 360° = \infty.$$

Si l'on suppose que l'arc devienne plus grand qu'une circonférence, ses lignes trigonométriques auront les mêmes valeurs et les mêmes signes que celles de l'arc ajouté à la circonférence. Et, en général, il est évident que *deux arcs dont la différence est égale à un nombre entier de circonférences ont les mêmes lignes trigonométriques.* Il est encore facile de reconnaître que *si l'on ajoute à un arc un nombre impair de demi-circonférences, ses lignes trigonométriques conservent les mêmes valeurs absolues, mais changent de signe, à l'exception de la tangente et de la cotangente, dont les signes ne changent pas.*

Quant aux arcs négatifs qui sont comptés dans le sens AB'A' (*fig.* 3), ils ont, en faisant abstraction du signe, des lignes trigonométriques égales à celles des arcs positifs d'un même nombre de degrés. En prenant, par exemple, l'arc $AM''' = AM$, les lignes trigonométriques de ces deux arcs auront évidemment les mêmes valeurs absolues, mais elles peuvent avoir des signes différents. Les sinus, tangentes, cotangentes et cosécantes de ces deux arcs AM''', AM, ont des signes contraires; les cosinus et sécantes ont le même signe. De sorte qu'en désignant par $-a$ l'arc AM''', on aura les relations suivantes :

$$\sin(-a) = -\sin a, \qquad \cos(-a) = \cos a,$$
$$\text{tang}(-a) = -\text{tang}\, a, \qquad \text{séc}(-a) = \text{séc}\, a,$$
$$\text{cotang}(-a) = -\text{cotang}\, a, \qquad \text{coséc}(-a) = -\text{coséc}\, a.$$

On appelle *supplément* d'un arc la différence obtenue en retranchant cet arc de $180°$. Le supplément de l'arc a est donc $(180° - a)$. Pour déterminer le supplément de l'arc AM, il suffit de mener par le point M la droite MM', parallèle au diamètre AA', et qui rencontre la circonférence en M'; l'arc AM' sera le supplément de AM. Car

$$AM' = 180° - A'M' = 180° - AM.$$

Il s'ensuit que *les lignes trigonométriques de deux arcs supplémentaires* AM, AM' *sont égales et de signes contraires, à l'exception du sinus et de la cosécante, qui sont les mêmes pour les deux arcs.* En désignant par a l'arc AM, on a donc

$$\sin(180° - a) = \sin a, \qquad \text{tang}(180° - a) = -\text{tang}\, a,$$
$$\text{séc}(180° - a) = -\text{séc}\, a, \qquad \cos(180° - a) = -\cos a,$$
$$\text{cotang}(180° - a) = -\text{cot}\, a, \qquad \text{coséc}(180° - a) = \text{coséc}\, a.$$

Ces dernières formules peuvent d'ailleurs se déduire de celles qui sont relatives à deux arcs égaux, mais de signes contraires, et à deux arcs qui diffèrent d'un nombre impair de demi-circonférences (p. 5). S'il s'agit, par exemple, d'établir l'égalité $\sin(180° - a) = \sin a$, on remarquera que $\sin(180° - a) = -\sin(a - 180°)$, et que $-\sin(a - 180°) = +\sin a$. D'où $\sin(180° - a) = \sin a$.

De la discussion précédente, il résulte que le sinus et le cosinus peuvent varier depuis $+1$ jusqu'à -1. Ces deux lignes changent de signe en passant par zéro.

La tangente et la cotangente varient depuis $+\infty$ jusqu'à $-\infty$. Elles changent de signe en passant par zéro et par l'infini.

Enfin, la sécante et la cosécante prennent toutes les valeurs comprises entre 1 et ∞, et entre -1 et $-\infty$. Ces deux lignes changent de signe en passant par l'infini.

On en doit conclure que *tout nombre positif ou négatif dont la valeur ne surpasse pas l'unité peut être considéré comme le sinus ou le cosinus d'un arc.*

Tout nombre réel, positif ou négatif, représente la tangente, ou la cotangente d'un arc.

Enfin, *un nombre, positif ou négatif, dont la valeur absolue n'est pas moindre que l'unité peut représenter la sécante ou la cosécante d'un arc.*

Nous avons encore une observation à faire au sujet des signes des valeurs infinies des lignes trigonométriques. La valeur infinie de la tangente de 90° doit être prise avec le double signe $\pm$; car elle représente à la fois la limite des tangentes positives des arcs croissant de 0° à 90°, et celle des tangentes négatives des arcs décroissant de 180° à 90°. La même observation s'applique à toutes les lignes trigonométriques susceptibles de devenir infinies.

7. Les lignes trigonométriques recevant dans le premier quadrant toutes les valeurs absolues qu'elles sont susceptibles de prendre, il est facile de ramener une ligne trigonométrique d'un arc quelconque, positif ou négatif, à celle d'un arc positif qui ne surpasse pas 90°. Par exemple, si l'on demande le sinus de 1040°, on retranchera 360 autant de fois que possible de 1040, et l'on aura le reste 320; donc $\sin 1040° = \sin 320°$. On retranchera encore 180 de 320, ce qui donnera $\sin 320° = -\sin 140°$; puis, en prenant le supplément de 140°, qui est 40°, on en conclura $\sin 1040° = -\sin 40°$.

8. Les valeurs des sinus de quelques arcs déterminés s'obtiennent immédiatement en ayant égard à ce que le sinus d'un arc est la moitié de la corde qui sous-tend un arc double (n° 2). Considérons, par exemple, les arcs de 30°, 45°, et 60°; leurs sinus seront respectivement égaux aux moitiés des cordes sous-tendant les arcs de 60°, 90°, 120°. Or, ces cordes ont pour valeurs 1, $\sqrt{2}$, $\sqrt{3}$, puisqu'elles représentent les côtés des polygones réguliers de 6, 4, 3 côtés inscrits dans un cercle dont le rayon est

l'unité; on a donc

$$\sin 30^\circ = \frac{1}{2}, \qquad \sin 45^\circ = \frac{1}{2}\sqrt{2}, \qquad \sin 60^\circ = \frac{1}{2}\sqrt{3},$$

et par suite

$$\cos 30^\circ = \frac{1}{2}\sqrt{3}, \qquad \cos 45^\circ = \frac{1}{2}\sqrt{2}, \qquad \cos 60^\circ = \frac{1}{2}.$$

On verra bientôt comment lorsqu'une des six lignes trigonométriques d'un arc est connue, on peut déterminer les valeurs des cinq autres.

Des arcs qui correspondent à une ligne trigonométrique donnée.

9. Une infinité d'arcs différents peuvent avoir une même ligne trigonométrique; ces arcs sont compris dans des formules que nous allons faire connaître.

Soit b un sinus donné; en désignant par x l'un des arcs correspondants, on aura $\sin x = b$. En supposant b positif, on prendra sur CB (*fig.* 3), et dans le sens positif, une longueur $CD = b$; puis, par le point D et parallèlement au diamètre fixe ACA′, on mènera la droite MDM′ qui coupe la circonférence aux points M, M′. Tous les arcs, positifs ou négatifs, terminés à l'un ou à l'autre de ces deux points correspondront au sinus donné; et réciproquement, tous les arcs correspondant au sinus donné devront se terminer à l'un de ces deux points.

Nommons α le plus petit arc positif AM qui a pour sinus la droite CD ou b. En représentant par π la demi-circonférence (*), et par n un nombre entier quelconque, positif ou négatif, et qui peut être nul, tous les arcs terminés au point M seront donnés par la formule $\alpha + 2n\pi$.

L'arc AM′ étant égal à $\pi - \alpha$, tous les arcs terminés au point M′ seront donnés par la formule $(\pi - \alpha) + 2n\pi$ ou $(2n+1)\pi - \alpha$.

Lorsque le sinus donné b est négatif, on porte sa valeur absolue de C en D′ (*fig.* 3); puis, on mène par le point D′, et parallèlement au diamètre ACA′, la droite M″M‴ qui rencontre la circonférence en des points M″, M‴. En nommant encore α le plus petit arc positif ABM″ dont le sinus est égal à CD′, on aura

$$ABM''' = 2\pi - AM = 2\pi - (\alpha - \pi) = 3\pi - \alpha;$$

et les formules

$$(1) \qquad 2n\pi + \alpha, \qquad\qquad (2) \qquad (2n+1)\pi - \alpha$$

détermineront encore tous les arcs terminés les uns au point M″, les autres au point M‴.

On voit donc que, dans les deux cas, les formules (1) et (2) comprennent tous les arcs correspondant au sinus donné.

(*) Le rayon étant supposé égal à l'unité, la demi-circonférence est représentée par le nombre π, et un arc de m degrés a pour valeur, en unités linéaires, $\frac{m\pi}{180}$.

Comme exemple, posons l'équation $\sin x = \frac{1}{2}$, où $b = \frac{1}{2}$, et, par suite, $\alpha = 30^\circ = \frac{\pi}{6}$. On aura

$$x = 2n\pi + \frac{\pi}{6} \quad \text{et} \quad x = (2n+1)\pi - \frac{\pi}{6}.$$

10. Soit maintenant $\cos x = b$. Si b est positif, on prendra $CP = b$ (*fig.* 3), et l'on élèvera sur le diamètre fixe AA' la perpendiculaire MPM''' qui rencontre la circonférence aux points M, M'''. Tous les arcs, positifs ou négatifs, terminés à l'un ou l'autre de ces points auront le cosinus donné CP ou b; et réciproquement, tout arc dont le cosinus sera égal à b se terminera à l'un de ces points.

Si l'on désigne par α le plus petit arc positif AM dont le cosinus est b, l'arc AM''' sera égal à $-\alpha$, et tous les arcs correspondant au cosinus donné seront compris dans les formules $2n\pi + \alpha$, $2n\pi - \alpha$, la lettre n ayant la même signification que dans les formules relatives au sinus.

On reconnaîtra facilement que ces formules restent les mêmes lorsque le cosinus donné est négatif.

11. Soit encore $\operatorname{tang} x = b$. La quantité b étant supposée positive, on prendra sur la tangente indéfinie AX (*fig.* 3) une longueur $AT = b$, puis on joindra le point T au centre C, par la droite TC qui coupe la circonférence aux points M, M''. Tous les arcs, positifs ou négatifs, terminés aux points M, M'' correspondront à la tangente donnée, et réciproquement.

En désignant par α le plus petit arc positif AM, dont la tangente est b, on aura $ABM'' = \pi + \alpha$; il s'ensuit que les deux séries d'arcs terminés respectivement aux points M, M'', sont représentées par les formules $\alpha + 2n\pi$ et $\alpha + \pi + 2n\pi$, qui évidemment peuvent être remplacées par la seule formule $n\pi + \alpha$, le nombre entier n étant pair ou impair, positif ou négatif, et pouvant être supposé égal à zéro.

12. On trouvera d'une manière semblable que $\operatorname{cotang} x = b$ donne $x = n\pi + \alpha$.

Pour $\operatorname{séc} x = b$, on aura $x = 2n\pi \pm \alpha$; et enfin pour $\operatorname{coséc} x = b$, les deux formules

$$x = 2n\pi + \alpha, \quad x = (2n+1)\pi - \alpha.$$

Des relations qui existent entre les lignes trigonométriques d'un même arc.

13. Pour déterminer les relations qui existent entre les lignes trigonométriques d'un arc AM (*fig.* 3), désignons cet arc par a, nous aurons

$$MP = \sin a, \quad AT = \operatorname{tang} a, \quad CT = \operatorname{séc} a,$$
$$MD = CP = \cos a, \quad BS = \operatorname{cotang} a, \quad CS = \operatorname{coséc} a.$$

Le triangle rectangle MCP donne

$$MP^2 + CP^2 = CM^2,$$

ou

(1) $$\sin^2 a + \cos^2 a = 1.$$

Les triangles CMP, CMD étant semblables aux triangles CTA, CSB, on aura

$$\left.\begin{array}{l} \frac{TA}{MP} = \frac{CA}{CP} \\ \frac{CT}{CM} = \frac{CA}{CP} \\ \frac{BS}{DM} = \frac{CB}{CD} \\ \frac{CS}{CM} = \frac{CB}{CD} \end{array}\right\} \text{ ou } \left\{\begin{array}{l} \frac{\text{tang}\, a}{\sin a} = \frac{1}{\cos a}, \\ \frac{\text{séc}\, a}{1} = \frac{1}{\cos a}, \\ \frac{\cot a}{\cos a} = \frac{1}{\sin a}, \\ \frac{\text{coséc}\, a}{1} = \frac{1}{\sin a}. \end{array}\right.$$

De ces proportions on tire

(2) $$\text{tang}\, a = \frac{\sin a}{\cos a},$$ (3) $$\text{séc}\, a = \frac{1}{\cos a},$$

(4) $$\text{cotang}\, a = \frac{\cos a}{\sin a},$$ (5) $$\text{coséc}\, a = \frac{1}{\sin a}.$$

14. Nous sommes parvenus aux formules précédentes en considérant un arc AM positif du premier quadrant; mais il est facile d'établir leur généralité en ayant égard aux conventions adoptées pour les signes des arcs et des lignes trigonométriques.

Si l'on ne considérait que les valeurs absolues des lignes, ces formules seraient évidemment générales; car dans toutes les positions de l'extrémité M de l'arc, ses lignes trigonométriques formeront des triangles rectangles et semblables, qui conduiront aux relations dont il s'agit (*). Tout se réduit donc à vérifier si les signes des lignes que ces formules déterminent s'accordent avec les conventions précédemment établies.

La relation $\sin^2 a + \cos^2 a = 1$, ne contenant que des carrés, est nécessairement vraie, quels que soient les signes de $\sin a$ et de $\cos a$.

Il reste à faire voir que les formules (2),...,(5) déterminent des signes convenables pour la tangente, la sécante, la cotangente et la cosécante.

De 0° à 90°, le sinus et le cosinus de l'arc a étant positifs, les relations (2),...,(5) donnent des valeurs positives pour $\text{tang}\, a$, $\text{séc}\, a$, $\text{cotang}\, a$, $\text{coséc}\, a$; et l'on sait qu'il en doit être ainsi.

De 90° à 180°, $\sin a$ reste positif, $\cos a$ devient négatif, les formules (2),..., (5) donnent des valeurs négatives à $\text{tang}\, a$, $\text{séc}\, a$, $\text{cotang}\, a$,

(*) Il y a toutefois exception pour les cas particuliers où le point M coïnciderait avec une des extrémités des diamètres AA′, BB′; mais alors on peut immédiatement vérifier l'exactitude des formules en question.

et une valeur positive à coséca ; ce qui s'accorde encore avec les positions que prennent ces quatre dernières lignes.

La même vérification a lieu pour les arcs plus grands que 180° et pour les arcs négatifs ; donc les formules obtenues sont générales.

Remarquons maintenant : 1° que les cinq relations obtenues sont *distinctes*, en ce que aucune d'elles ne résulte des quatre autres ; 2° qu'il ne peut exister plus de cinq relations *distinctes* entre les six lignes trigonométriques d'un même arc, car autrement les valeurs de ces lignes pourraient être déterminées sans qu'on eût attribué à l'arc aucune valeur particulière.

15. Les équations

$$\sin^2 a + \cos^2 a = 1, \quad \text{tang}\, a = \frac{\sin a}{\cos a}, \quad \text{séc}\, a = \frac{1}{\cos a},$$

$$\text{cotang}\, a = \frac{\cos a}{\sin a}, \quad \text{coséc}\, a = \frac{1}{\sin a}$$

donnent le moyen, lorsque l'on connait une des six lignes de l'arc a, de trouver les valeurs des cinq autres.

1er *exemple*. Connaissant $\sin a$, déterminer $\cos a$, tang$a$, séca, cotang$a$, coséca.

Au moyen des cinq relations précédentes, on trouve facilement

$$\cos a = \pm\sqrt{1-\sin^2 a}, \quad \text{tang}\, a = \pm\frac{\sin a}{\sqrt{1-\sin^2 a}},$$

$$\text{séc}\, a = \pm\frac{1}{\sqrt{1-\sin^2 a}}, \quad \text{cotang}\, a = \pm\frac{\sqrt{1-\sin^2 a}}{\sin a};$$

on a, de plus,

$$\text{coséc}\, a = \frac{1}{\sin a}.$$

En exceptant la cosécante, le calcul donne, comme on voit, deux valeurs égales et de signes contraires pour chacune des autres lignes trigonométriques. Et, en effet, à un sinus donné CD (*fig.* 3) correspondent les cosinus CP, CP', égaux et de signes contraires, et de même les tangentes AT, AT', les cotangentes BS, BS', les sécantes CT, CT', qui sont deux à deux égales et de signes contraires. Quant aux cosécantes CS, CS', elles sont égales et de même signe.

2e *exemple*. Connaissant tang$a$, trouver les valeurs de $\sin a$, $\cos a$, cotang$a$, séca, coséca.

Un calcul très-simple donne

$$\sin a = \pm\frac{\text{tang}\, a}{\sqrt{1+\text{tang}^2 a}}, \quad \cos a = \pm\frac{1}{\sqrt{1+\text{tang}^2 a}},$$

$$\text{cotang}\, a = \frac{1}{\text{tang}\, a}, \quad \text{séc}\, a = \pm\sqrt{1+\text{tang}^2 a},$$

$$\text{coséc}\, a = \pm\frac{\sqrt{1+\text{tang}^2 a}}{\text{tang}\, a}.$$

Formules qui donnent le sinus et le cosinus de la somme et de la différence de deux arcs, au moyen des sinus et cosinus de ces deux arcs.

16. Soient $AB = a$, $BD = b$ les deux arcs considérés (*fig.* 4); on a

$$AD = a + b,\quad AL = a - b,\quad BH = \sin a,\quad CH = \cos a,$$
$$DO = \sin b,\quad CO = \cos b,\quad DF = \sin(a+b),\quad CF = \cos(a+b),$$
$$LI = \sin(a-b),\quad CI = \cos(a-b).$$

Par le point O, menons OE, OG respectivement perpendiculaires à DF, CA, et par le point L, la droite LM perpendiculaire à OG. Il en résultera

$$\begin{aligned}
\sin(a+b) &= DF = FE + DE = OG + DE,\\
\sin(a-b) &= LI = OG - OM = OG - DE,\\
\cos(a+b) &= CF = CG - FG = CG - OE,\\
\cos(a-b) &= CI = CG + GI = CG + OE.
\end{aligned}$$

Les triangles COG, CBH étant semblables, on a

$$\frac{OG}{BH} = \frac{CO}{CB},\quad \text{ou}\quad \frac{OG}{\sin a} = \frac{\cos b}{1},\quad \text{par suite,}\quad OG = \sin a \cos b,$$

et

$$\frac{CG}{CH} = \frac{CO}{CB},\quad \text{ou}\quad \frac{CG}{\cos a} = \frac{\cos b}{1},\quad \text{donc}\quad CG = \cos a \cos b.$$

Les triangles CBH, DOE sont semblables comme ayant leurs côtés perpendiculaires chacun à chacun; donc

$$\frac{DE}{CH} = \frac{DO}{CB}\quad \text{et}\quad \frac{EO}{BH} = \frac{DO}{CB},$$

ou

$$\frac{DE}{\cos a} = \frac{\sin b}{1}\quad \text{et}\quad \frac{EO}{\sin a} = \frac{\sin b}{1}.$$

Par conséquent,

$$DE = \sin b \cos a,\quad EO = \sin a \sin b.$$

En remplaçant OG, DE, CG, EO par leurs valeurs, il vient

$$(1)\qquad \sin(a+b) = \sin a \cos b + \sin b \cos a,$$
$$(2)\qquad \cos(a+b) = \cos a \cos b - \sin a \sin b,$$
$$(3)\qquad \sin(a-b) = \sin a \cos b - \sin b \cos a,$$
$$(4)\qquad \cos(a-b) = \cos a \cos b + \sin a \sin b.$$

17. Dans la démonstration des relations précédentes, on a supposé a, b positifs, et $a + b < 90°$ (*fig.* 4). De plus, les formules (3), (4), ont seulement été établies pour le cas particulier où l'arc b est plus petit que a. On pourrait, au moyen de constructions géométriques, et en ayant égard aux signes des lignes, démontrer directement les formules (1), (2), (3), (4) pour tous les autres cas; mais il est plus simple d'établir la généralité de ces formules de la manière suivante.

Remarquons d'abord que, si les relations (1), (2) existent, quelles que soient les valeurs positives de a, b, il en est de même de (3) et (4); car ces deux dernières se déduisent des deux autres. En effet, augmentez l'arc $a-b$ d'un nombre de circonférences $2n\pi$ tel qu'on ait $2n\pi > b$, l'arc $a+2n\pi-b$ deviendra la somme de deux arcs positifs : a, $2n\pi-b$; on aura donc, par hypothèse,

$$\sin(a+2n\pi-b) = \sin a\cos(2n\pi-b)+\sin(2n\pi-b)\cos a,$$
$$\cos(a+2n\pi-b) = \cos a\cos(2n\pi-b)-\sin a\sin(2n\pi-b)$$

Or,

$$\sin(a+2n\pi-b)=\sin(a-b),\quad \cos(2n\pi-b)=\cos b,$$
$$\sin(2n\pi-b)=-\sin b,\quad \cos(a+2n\pi-b)=\cos(a-b).$$

donc

$$\sin(a-b)=\sin a\cos b-\sin b\cos a,$$
$$\cos(a-b)=\cos a\cos b+\sin a\sin b.$$

Ainsi, tout se réduit à démontrer les relations (1), (2) pour deux arcs positifs quelconques.

1° Supposons $a<90°$, $b<90°$, $a+b>90°$. Les compléments a', b' des arcs a, b seront positifs, et la somme $a'+b'$ sera moindre que 90°, car $a'+b'$ est le supplément de $a+b$. On pourra donc appliquer les formules (1), (2) aux arcs a', b'; il en résulte

$$\sin(a'+b')=\sin a'\cos b'+\cos a'\sin b',$$
$$\cos(a'+b')=\cos a'\cos b'-\sin a'\sin b',$$

ou

$$\sin(a+b)=\cos a\sin b+\sin a\cos b,$$
$$-\cos(a+b)=\sin a\sin b-\cos a\cos b.$$

Ce qui montre que les formules (1) et (2) ont encore lieu dans les nouvelles hypothèses qu'on vient de faire.

Si l'on avait $a+b=90°$, les relations (1) et (2) seraient immédiatement vérifiées, car elles se réduiraient à

$$1=\sin^2 a+\cos^2 a,\quad \text{et}\quad 0=\cos a\sin a-\sin a\cos a.$$

Donc, 1° *les formules* (1) *et* (2) *conviennent, dans tous les cas, à deux arcs positifs* a, b, *chacun moindre que* 90°.

2° Supposons les formules (1), (2) démontrées pour les deux arcs positifs a, b; je dis qu'elles s'appliqueront de même aux arcs a, b augmentés d'autant de quadrants que l'on voudra.

Ajoutons 90° à l'un quelconque a des deux arcs, on aura

$$\sin(90°+a+b)=\sin(90°-a-b)=\cos(a+b);$$

mais, par hypothèse,

$$\cos(a+b)=\cos a\cos b-\sin a\sin b.$$

D'ailleurs

$$\cos a=\sin(90°-a)=\sin(90°+a),$$

et

$$\sin a=\cos(90°-a)=-\cos(90°+a);$$

donc

$$\sin(90^\circ + a + b) = \sin(90^\circ + a)\cos b + \cos(90^\circ + a)\sin b.$$

On trouvera de même

$$\cos(90^\circ + a + b) = -\sin(a + b) = -\sin a \cos b - \sin b \cos a,$$

d'où

$$\cos(90^\circ + a + b) = \cos(a + 90^\circ)\cos b - \sin(a + 90^\circ)\sin b.$$

On peut donc augmenter de 90° l'un quelconque des deux arcs a, b sans que les formules cessent d'être applicables; et, par conséquent, 2° *elles conviennent aux arcs a, b augmentés chacun d'autant de quadrants que l'on voudra.*

La généralité des formules (1), (2) résulte immédiatement des deux remarques précédentes. En effet, soient a, b deux arcs positifs quelconques; en retranchant de a, b tous les quadrants qui y sont contenus, on aura des restes a', b' moindres que 90°. Les formules (1), (2) s'appliqueront donc aux deux arcs a', b' (1°); et, par conséquent, elles conviennent de même aux arcs a, b déterminés en augmentant chacun des arcs a', b' d'un certain nombre de quadrants (2°).

Enfin, les relations (1), (2) sont encore applicables à deux arcs négatifs $-a$, $-b$; car

$$\sin(-a - b) = -\sin(a + b) = -\sin a \cos b - \sin b \cos a;$$

d'où

$$\sin(-a - b) = \sin(-a)\cos(-b) + \sin(-b)\cos(-a).$$

On a de même

$$\cos(-a - b) = \cos(a + b) = \cos a \cos b - \sin a \sin b,$$

ou

$$\cos(-a - b) = \cos(-a)\cos(-b) - \sin(-a)\sin(-b).$$

Donc les formules (1), (2), et, par suite, (3), (4), qui s'en déduisent, sont générales.

Formules relatives à la multiplication et à la division des arcs.

18. En supposant $b = a$, les formules

(1) $$\sin(a + b) = \sin a \cos b + \sin b \cos a,$$

(2) $$\cos(a + b) = \cos a \cos b - \sin a \sin b$$

donnent

(5) $$\sin 2a = 2 \sin a \cos a,$$ (6) $$\cos 2a = \cos^2 a - \sin^2 a.$$

Lorsque $b = 2a$, on obtient d'abord

$$\sin 3a = \sin a \cos 2a + \sin 2a \cos a,$$
$$\cos 3a = \cos a \cos 2a - \sin a \sin 2a;$$

puis, en remplaçant $\cos 2a$, $\sin 2a$ par leurs valeurs (6), (5), et observant que $\sin^2 a + \cos^2 a = 1$, il vient

(7) $\sin 3a = 3\sin a - 4\sin^3 a$, (8) $\cos 3a = 4\cos^3 a - 3\cos a$.

Par un calcul semblable, on obtiendra les valeurs de $\sin 4a$, $\cos 4a$, $\sin 5a$, $\cos 5a$, etc., en fonction de $\sin a$ et de $\cos a$.

19. Pour obtenir des formules relatives à la subdivision d'un arc, remplaçons dans (5) et (6) l'arc a par $\frac{a}{2}$. Il en résultera

$$\sin a = 2\sin\frac{a}{2}\cos\frac{a}{2}, \quad \cos a = \cos^2\frac{a}{2} - \sin^2\frac{a}{2}.$$

Supposons donné $\cos a$, et proposons-nous de trouver $\sin\frac{a}{2}$, $\cos\frac{a}{2}$. En résolvant les deux équations

$$\cos^2\frac{a}{2} - \sin^2\frac{a}{2} = \cos a \quad \text{et} \quad \cos^2\frac{a}{2} + \sin^2\frac{a}{2} = 1,$$

ce qui se fait en les ajoutant; et les retranchant successivement membre à membre, on trouve

(9) $$\sin\frac{a}{2} = \pm\sqrt{\frac{1-\cos a}{2}},$$

(10) $$\cos\frac{a}{2} = \pm\sqrt{\frac{1+\cos a}{2}}.$$

Les inconnues $\sin\frac{a}{2}$, $\cos\frac{a}{2}$ ont chacune deux valeurs égales et de signes contraires; c'est ce qu'il est d'ailleurs facile d'expliquer.

En effet, le cosinus donné $\cos a$ convient à tous les arcs compris dans la formule $2n\pi \pm \alpha$ (n° 10), α représentant le plus petit arc positif correspondant au cosinus donné; π la demi-circonférence ou 180°; n un nombre entier quelconque positif ou négatif, et qui peut être nul. Le calcul doit donc fournir le sinus et le cosinus des moitiés de tous les arcs compris dans la formule $2n\pi \pm \alpha$. Ces moitiés sont représentées par $n\pi \pm \frac{\alpha}{2}$. Si n est un nombre pair, on aura

$$\sin\frac{a}{2} = \sin\left(n\pi \pm \frac{\alpha}{2}\right) = \pm\sin\frac{\alpha}{2}$$

et

$$\cos\frac{a}{2} = \cos\left(n\pi \pm \frac{\alpha}{2}\right) = \cos\frac{\alpha}{2}.$$

Lorsque n est impair, en supprimant $n\pi$, il faut changer les signes du sinus et du cosinus, d'où

$$\sin\frac{a}{2} = \pm\sin\frac{\alpha}{2}, \quad \cos\frac{a}{2} = -\cos\frac{\alpha}{2}.$$

On a ainsi, pour chacune des inconnues, $\sin\frac{a}{2}$, $\cos\frac{a}{2}$, deux valeurs égales et de signes contraires. Mais, lorsque la valeur de l'arc a est connue, les signes de $\sin\frac{a}{2}$, $\cos\frac{a}{2}$ sont par cela même déterminés, et la question n'admet plus qu'une seule solution.

20. Soit maintenant donné $\sin a$. Pour trouver $\sin\frac{a}{2}$, $\cos\frac{a}{2}$, on pourrait remplacer, dans les formules (9), (10), $\cos a$ par $\pm\sqrt{1-\sin^2 a}$. Il en résulterait, pour chacune des lignes cherchées, quatre valeurs égales deux à deux et de signes contraires; mais nous allons déterminer ces valeurs sous une autre forme, en prenant les équations

$$2\sin\frac{a}{2}\times\cos\frac{a}{2}=\sin a,\quad \sin^2\frac{a}{2}+\cos^2\frac{a}{2}=1.$$

Si l'on ajoute la première à la seconde, et si de la seconde on retranche la première, on trouvera, en extrayant les racines carrées des deux membres des nouvelles équations,

$$\sin\frac{a}{2}+\cos\frac{a}{2}=\pm\sqrt{1+\sin a},\quad \sin\frac{a}{2}-\cos\frac{a}{2}=\pm\sqrt{1-\sin a};$$

d'où

$$(11)\qquad \sin\frac{a}{2}=\pm\frac{1}{2}\sqrt{1+\sin a}\pm\frac{1}{2}\sqrt{1-\sin a},$$

$$(12)\qquad \cos\frac{a}{2}=\pm\frac{1}{2}\sqrt{1+\sin a}\mp\frac{1}{2}\sqrt{1-\sin a}.$$

On obtient donc, pour chacune des inconnues, quatre valeurs qui sont, deux à deux, égales et de signes contraires. C'est encore un résultat facile à prévoir.

En effet, le sinus donné, $\sin a$, appartenant à tous les arcs renfermés dans les formules

$$2n\pi+\alpha,\quad (2n+1)\pi-\alpha\quad (\text{n}^\circ\ 9),$$

les valeurs de $\sin\frac{a}{2}$, $\cos\frac{a}{2}$ sont celles des sinus et des cosinus des arcs

$$n\pi+\frac{\alpha}{2},\quad n\pi+\frac{\pi-\alpha}{2}.$$

On peut, dans ces dernières formules, supprimer $n\pi$ en ayant soin de conserver ou de changer les signes du *sinus* et du *cosinus*, suivant que n est pair ou impair. On obtient de cette manière

$$\sin\frac{a}{2}=\pm\sin\frac{\alpha}{2},\quad \sin\frac{a}{2}=\pm\sin\left(\frac{\pi-\alpha}{2}\right),$$

$$\cos\frac{a}{2}=\pm\cos\frac{\alpha}{2},\quad \cos\frac{a}{2}=\pm\cos\left(\frac{\pi-\alpha}{2}\right).$$

L'arc $\frac{\pi - \alpha}{2}$ étant le complément de $\frac{\alpha}{2}$, on peut remplacer $\pm \sin\left(\frac{\pi - \alpha}{2}\right)$ par $\pm \cos\frac{\alpha}{2}$, et $\pm \cos\left(\frac{\pi - \alpha}{2}\right)$ par $\pm \sin\frac{\alpha}{2}$.

Lorsque le nombre des degrés de l'arc a est donné, le sinus de $\frac{a}{2}$ ne peut admettre qu'une seule des quatre valeurs indiquées par la formule (11). On déterminera cette valeur unique au moyen des observations suivantes :

L'arc a étant donné, on connaîtra le signe du sinus de la moitié de cet arc. Or, parmi les quatre valeurs de $\sin\frac{a}{2}$, deux étant positives et les deux autres négatives, il faudra d'abord exclure les deux valeurs dont le signe est différent de celui du sinus que l'on cherche.

Supposons, par exemple, que $\sin a$ soit négatif et $\sin\frac{a}{2}$ positif. Les deux valeurs

$$\frac{1}{2}\left(\sqrt{1+\sin a}+\sqrt{1-\sin a}\right), \quad -\frac{1}{2}\left(\sqrt{1+\sin a}-\sqrt{1-\sin a}\right)$$

seront positives, et les deux autres négatives; on exclura donc ces dernières.

Pour distinguer parmi les deux valeurs restantes celle qui convient à la question, on ramènera l'arc $\frac{a}{2}$ au premier quadrant (n° 7). Si l'on obtient pour résultat un arc moindre que 45°, il faudra prendre la valeur $-\frac{1}{2}\left(\sqrt{1+\sin a}-\sqrt{1-\sin a}\right)$, dans laquelle les radicaux ont des signes contraires. Si l'arc obtenu est plus grand que 45°, on prendra la valeur $\frac{1}{2}\left(\sqrt{1+\sin a}+\sqrt{1-\sin a}\right)$, dans laquelle les radicaux ont le même signe. Pour justifier cette règle, il suffit d'observer que le carré du sinus de 45° est $\frac{1}{2}$, valeur plus grande que le carré de $-\frac{1}{2}\left(\sqrt{1+\sin a}-\sqrt{1-\sin a}\right)$, et plus petite que le carré de $\frac{1}{2}\left(\sqrt{1+\sin a}+\sqrt{1-\sin a}\right)$.

Soit, par exemple, $a = 280°$; on aura $\frac{a}{2} = 140°$, dont le supplément est 40°; d'où

$$\sin 140° = \sin 40° = -\frac{1}{2}\left(\sqrt{1+\sin 280°}-\sqrt{1-\sin 280°}\right),$$

valeur qui est réellement positive, parce que le sinus de 280° étant négatif, le second radical est plus grand que le premier.

On distinguera de même, parmi les quatre valeurs de $\cos\frac{a}{2}$, celle que l'on doit prendre lorsque l'arc a est donné. Au reste, la valeur de $\cos\frac{a}{2}$

se déduit de celle de $\sin\frac{a}{2}$, en observant que dans les expressions (11) et (12) du sinus et du cosinus d'un même arc $\frac{a}{2}$, les premiers radicaux doivent être pris avec le même signe, et les seconds en signes contraires.

21. Cherchons encore $\sin\frac{a}{3}$, $\cos\frac{a}{3}$, connaissant $\sin a$, $\cos a$.

Si, dans les formules

$$\sin 3a = 3\sin a - 4\sin^3 a, \quad \cos 3a = 4\cos^3 a - 3\cos a \ (\text{n}^\circ\ 18)$$

on remplace a par $\frac{a}{3}$, il viendra

$$\sin a = 3\sin\frac{a}{3} - 4\sin^3\frac{a}{3}, \quad \cos a = 4\cos^3\frac{a}{3} - 3\cos\frac{a}{3}.$$

Supposons qu'on donne $\sin a = b$; en désignant $\sin\frac{a}{3}$ par x, on aura l'équation

$$x^3 - \frac{3}{4}x + \frac{1}{4}b = 0.$$

L'algèbre apprend que cette équation a trois racines réelles, comprises entre $+1$ et -1, lorsque b est moindre que l'unité (*V.* Note I); c'est ce que vérifie la trigonométrie.

En effet, le sinus b correspondant aux arcs $2n\pi + \alpha$, $(2n+1)\pi - \alpha$ (n° 9), le calcul doit donner, pour l'inconnue x, les sinus de tous les arcs des formules

$$\frac{2n\pi + \alpha}{3}, \quad \frac{(2n+1)\pi - \alpha}{3}.$$

Il suffira de remplacer n, dans chacune de ces formules, par trois nombres entiers consécutifs; car les arcs obtenus de cette manière, formant des progressions arithmétiques dont la raison est égale au tiers de la circonférence, on trouverait, en remplaçant n par les nombres entiers suivants, les mêmes arcs augmentés ou diminués d'un nombre entier de circonférences.

En attribuant à n les valeurs 0, 1, 2, dans la formule

$$\frac{2n\pi + \alpha}{3},$$

on a

$$\frac{\alpha}{3}, \quad \frac{\alpha}{3} + \frac{2\pi}{3}, \quad \frac{\alpha}{3} + \frac{4\pi}{3},$$

dont les suppléments sont les arcs

$$\pi - \frac{\alpha}{3}, \quad \frac{\pi}{3} - \frac{\alpha}{3}, \quad -\frac{\pi}{3} - \frac{\alpha}{3},$$

qu'on obtient en remplaçant successivement n par 1, 0, -1 dans $\frac{(2n+1)\pi-\alpha}{3}$. Ces trois derniers arcs ont les mêmes sinus que les trois premiers; on trouve donc pour l'inconnue x les trois valeurs

$$\sin\frac{\alpha}{3},\quad \sin\left(\frac{\alpha}{3}+\frac{2\pi}{3}\right),\quad \sin\left(\frac{\alpha}{3}+\frac{4\pi}{3}\right).$$

1re *remarque*. Soit $AB=\frac{\alpha}{3}$ (*fig.* 5). Si l'on inscrit dans le cercle dont le rayon $OA=1$, un triangle équilatéral BCD, dont un sommet soit le point B, les perpendiculaires abaissées des sommets B, C, D sur le diamètre AOA′ représenteront les racines de l'équation

$$x^3-\frac{3}{4}x+\frac{1}{4}b=0;$$

car ces perpendiculaires BE, CF, DG sont les sinus des arcs

$$\frac{\alpha}{3},\quad \frac{\alpha}{3}+\frac{2\pi}{3},\quad \frac{\alpha}{3}+\frac{4\pi}{3}.$$

2e *remarque*. Lorsque le sinus donné b est positif et moindre que l'unité, on a

$$\alpha<90^\circ;\quad \frac{\alpha}{3}<30^\circ,$$

et, par conséquent,

$$\sin\frac{\alpha}{3}<\frac{1}{2}.$$

L'arc $\frac{\alpha}{3}+\frac{2\pi}{3}$ est compris entre 120° et 150°; donc $\sin\left(\frac{\alpha}{3}+\frac{2\pi}{3}\right)$ est positif et plus grand que $\frac{1}{2}$. Le troisième arc $\frac{\alpha}{3}+\frac{4\pi}{3}$ étant compris entre 240° et 270°, le sinus de $\left(\frac{\alpha}{3}+\frac{4\pi}{3}\right)$ est négatif, et sa valeur absolue est plus grande que $\frac{1}{2}$.

Si le sinus donné b est négatif, on aura

$$\alpha>180^\circ \quad\text{et}\quad \alpha<270^\circ;$$

par suite,

$$\frac{\alpha}{3}>60^\circ \quad\text{et}\quad \frac{\alpha}{3}<90^\circ;$$

donc $\sin\frac{\alpha}{3}$ sera positif et plus grand que $\frac{1}{2}$. Les sinus des deux autres arcs

$$\frac{\alpha}{3}+\frac{2\pi}{3},\quad \frac{\alpha}{3}+\frac{4\pi}{3},$$

sont alors négatifs; la valeur absolue du premier est plus petite que $\frac{1}{2}$, et celle du second est, au contraire, plus grande que $\frac{1}{2}$.

Au moyen de cette remarque on distinguera facilement, parmi les racines de l'équation

$$x^3 - \frac{3}{4}x + \frac{1}{4}b = 0,$$

celle que l'on doit prendre pour la valeur de $\sin\frac{a}{3}$, lorsque l'arc a sera donné; car on connaîtra d'abord le signe du sinus de $\frac{a}{3}$; puis, en ramenant l'arc $\frac{a}{3}$ au premier quadrant, on verra si la valeur absolue de ce sinus est plus grande ou plus petite que la fraction $\frac{1}{2}$, qui est le sinus de 30°.

Soit, par exemple, $a = 390°$; on aura $\frac{a}{3} = 130°$ dont le supplément est 50°. Le sinus de 130° étant positif et plus grand que $\frac{1}{2}$, il faudra prendre pour la valeur de ce sinus la racine positive de

$$x^3 - \frac{3}{4}x + \frac{1}{4}b = 0,$$

qui est comprise entre $\frac{1}{2}$ et 1.

On pourra discuter de même l'équation du troisième degré

$$4\cos^3\frac{a}{3} - 3\cos\frac{a}{3} = \cos a,$$

qui détermine les valeurs de $\cos\frac{a}{3}$ lorsqu'on donne $\cos a$.

Si l'on pose $\cos\frac{a}{3} = x$, et $\cos a = b$, cette équation devient

$$x^3 - \frac{3}{4}x - \frac{b}{4} = 0.$$

Le cosinus donné b correspondant aux arcs $2n\pi + \alpha$, $2n\pi - \alpha$ (n° 10), on doit obtenir pour l'inconnue x les cosinus de tous les arcs des formules

$$\frac{2n\pi + \alpha}{3}, \quad \frac{2n\pi - \alpha}{3}.$$

Il suffira de remplacer n, dans chacune de ces formules, par trois nombres entiers consécutifs, parce que les arcs donnés par ces substitutions forment des progressions arithmétiques dont la raison est le tiers de la circonférence.

Si l'on remplace n par o, 1, 2, dans $\frac{2n\pi+\alpha}{3}$, et par o, -1, -2, dans $\frac{2n\pi-\alpha}{3}$, on obtient les arcs

$$\frac{\alpha}{3},\quad \frac{\alpha}{3}+\frac{2\pi}{3},\quad \frac{\alpha}{3}+\frac{4\pi}{3},\quad -\frac{\alpha}{3},\quad -\left(\frac{\alpha}{3}+\frac{2\pi}{3}\right),\quad -\left(\frac{\alpha}{3}+\frac{4\pi}{3}\right).$$

Ces trois derniers, égaux et de signes contraires aux trois premiers, ont les mêmes cosinus; l'inconnue x a donc pour valeurs

$$\cos\frac{\alpha}{3},\quad \cos\left(\frac{\alpha}{3}+\frac{2\pi}{3}\right),\quad \cos\left(\frac{\alpha}{3}+\frac{4\pi}{3}\right).$$

22. En général, l'équation qui détermine les valeurs de $\sin\left(\frac{a}{m}\right)$, lorsqu'on donne $\sin a$, est du degré m ou du degré $2m$, suivant que le nombre entier m est impair ou pair; dans ce dernier cas, l'équation a ses racines deux à deux égales et de signes contraires. L'équation qui détermine les valeurs de $\cos\frac{a}{m}$ au moyen de $\cos a$ est toujours du degré m (*V.* Note II).

23. On peut résoudre les mêmes questions pour la tangente.

Cherchons d'abord les tangentes de la somme et de la différence de deux arcs a, b, connaissant $\operatorname{tang} a$, $\operatorname{tang} b$.

On a

$$\operatorname{tang}(a+b)=\frac{\sin(a+b)}{\cos(a+b)}=\frac{\sin a\cos b+\sin b\cos a}{\cos a\cos b-\sin a\sin b};$$

d'où, en divisant par $\cos a\cos b$ les deux termes de la fraction,

$$\operatorname{tang}(a+b)=\frac{\dfrac{\sin a}{\cos a}+\dfrac{\sin b}{\cos b}}{1-\dfrac{\sin a}{\cos a}\cdot\dfrac{\sin b}{\cos b}};$$

ce qui donne

$$(1)\qquad \operatorname{tang}(a+b)=\frac{\operatorname{tang} a+\operatorname{tang} b}{1-\operatorname{tang} a\operatorname{tang} b}.$$

On trouve de même

$$(2)\qquad \operatorname{tang}(a-b)=\frac{\operatorname{tang} a-\operatorname{tang} b}{1+\operatorname{tang} a\operatorname{tang} b}.$$

Lorsque $b=a$, la formule (1) devient

$$(3)\qquad \operatorname{tang} 2a=\frac{2\operatorname{tang} a}{1-\operatorname{tang}^2 a}.$$

Si $b=2a$, on a

$$\operatorname{tang} 3a=\frac{\operatorname{tang} a+\operatorname{tang} 2a}{1-\operatorname{tang} a\operatorname{tang} 2a}.$$

Remplaçant $\tan 2a$ par sa valeur $\frac{2 \operatorname{tang} a}{1 - \operatorname{tang}^2 a}$, et réduisant :

(4) $$\operatorname{tang} 3a = \frac{3 \operatorname{tang} a - \operatorname{tang}^3 a}{1 - 3 \operatorname{tang}^2 a}.$$

Un calcul semblable donnerait les valeurs de $\operatorname{tang} 4a$, $\operatorname{tang} 5a$, etc., en fonction de $\operatorname{tang} a$.

Pour trouver $\operatorname{tang} \frac{a}{2}$, connaissant $\operatorname{tang} a$, remplaçons a par $\frac{a}{2}$ dans la formule (3). Il en résultera

$$\operatorname{tang} a = \frac{2 \operatorname{tang} \frac{a}{2}}{1 - \operatorname{tang}^2 \frac{a}{2}}.$$

En faisant disparaître le dénominateur, on obtiendra l'équation du second degré

(5) $$\operatorname{tang}^2 \frac{a}{2} + \frac{2}{\operatorname{tang} a} \times \operatorname{tang} \frac{a}{2} - 1 = 0,$$

d'où

$$\operatorname{tang} \frac{a}{2} = \frac{1}{\operatorname{tang} a} \left(-1 \pm \sqrt{1 + \operatorname{tang}^2 a}\right).$$

L'équation (5) montre que l'inconnue $\operatorname{tang} \frac{a}{2}$ a deux valeurs réelles dont le produit est égal à -1 : c'est ce qu'il est facile de vérifier par la trigonométrie.

Car on doit trouver pour l'inconnue, $\operatorname{tang} \frac{a}{2}$, les tangentes de tous les arcs $\frac{n\pi + \alpha}{2}$ (n° 11); mais, suivant que n est pair ou impair, on a

$$\operatorname{tang} \frac{n\pi + \alpha}{2} = \operatorname{tang} \frac{\alpha}{2},$$

ou bien

$$\operatorname{tang} \frac{n\pi + a}{2} = \operatorname{tang} \frac{\pi + \alpha}{2} = \operatorname{tang}\left(90^\circ + \frac{\alpha}{2}\right);$$

les deux valeurs de $\operatorname{tang} \frac{a}{2}$ sont donc

$$\operatorname{tang} \frac{\alpha}{2} \quad \text{et} \quad \operatorname{tang}\left(90^\circ + \frac{\alpha}{2}\right).$$

D'ailleurs,

$$\operatorname{tang}\left(90^\circ + \frac{\alpha}{2}\right) = -\operatorname{tang}\left(90^\circ - \frac{\alpha}{2}\right) = -\operatorname{cotang} \frac{\alpha}{2}.$$

Il s'ensuit

$$\operatorname{tang} \frac{\alpha}{2} \times \operatorname{tang}\left(90^\circ + \frac{\alpha}{2}\right) = \operatorname{tang} \frac{\alpha}{2} \times -\operatorname{cotang} \frac{\alpha}{2} = -1.$$

24. Si l'on veut obtenir $\operatorname{tang}\frac{a}{3}$, connaissant $\operatorname{tang} a$, on posera $\operatorname{tang}\frac{a}{3} = x$, $\operatorname{tang} a = b$, et la formule (4) (nº 23) conduira à l'équation

$$b = \frac{3x - x^3}{1 - 3x^2},$$

après avoir toutefois remplacé a par $\frac{a}{3}$. En faisant disparaître le dénominateur, et transposant, il vient :

$$x^3 - 3bx^2 - 3x + b = 0.$$

On démontre en algèbre que cette équation a ses trois racines réelles (*V.* Note III), et c'est encore ce que la trigonométrie vérifie. En effet, la tangente b correspondant aux arcs $n\pi + \alpha$ (nº 11), le calcul doit donner pour l'inconnue x les tangentes des arcs de la formule $\frac{n\pi + \alpha}{3}$. Il suffira de remplacer successivement n dans cette formule par 0, 1, 2; car les arcs obtenus de cette manière, formant une progression arithmétique dont la raison est le tiers de la demi-circonférence, on trouverait, en remplaçant n par les nombres suivants, les mêmes arcs augmentés ou diminués d'un nombre entier de demi-circonférences. Les substitutions de 0, 1, 2 à n donnent pour les valeurs de x

$$\operatorname{tang}\frac{\alpha}{3}, \quad \operatorname{tang}\left(\frac{\alpha}{3} + \frac{\pi}{3}\right), \quad \operatorname{tang}\left(\frac{\alpha}{3} + \frac{2\pi}{3}\right).$$

Remarque. Lorsque la tangente donnée b est positive et finie, on a

$$\alpha < 90^\circ; \quad \text{d'où} \quad \frac{\alpha}{3} < 30^\circ.$$

Les arcs $\left(\frac{\alpha}{3} + \frac{\pi}{3}\right)$, $\left(\frac{\alpha}{3} + \frac{2\pi}{3}\right)$, seront compris : le premier, entre 60° et 90°; le second, entre 120° et 150°. Il s'ensuit

$$\operatorname{tang}\frac{\alpha}{3} < 1, \quad \operatorname{tang}\left(\frac{\alpha}{3} + \frac{\pi}{3}\right) > 1.$$

Quant à la tangente de $\left(\frac{\alpha}{3} + \frac{2\pi}{3}\right)$, elle est négative.

Si b est négatif et fini, on aura

$$\alpha > 90^\circ \quad \text{et} \quad \alpha < 180^\circ; \quad \text{d'où} \quad \frac{\alpha}{3} > 30^\circ \quad \text{et} \quad \frac{\alpha}{3} < 60^\circ.$$

La tangente de $\frac{\alpha}{3}$ sera positive. L'arc $\left(\frac{\alpha}{3} + \frac{\pi}{3}\right)$, compris entre 90° et 120°, aura une tangente négative plus grande que l'unité, en valeur absolue. Le troisième arc $\frac{\alpha}{3} + \frac{2\pi}{3}$ sera compris entre 150° et 180°; sa tangente sera négative et moindre, en valeur absolue, que l'unité.

D'après cela, on pourra distinguer, parmi les trois racines de l'équation

$$x^3 - 3bx^2 - 3x + b = 0,$$

celle que l'on doit prendre lorsque l'arc a sera donné.

Car, en supposant $b > 0$ et fini, l'équation

$$x^3 - 3bx^2 - 3x + b = 0$$

aura, comme on vient de le voir, une racine négative et deux racines positives, l'une < 1, et l'autre > 1. Si la tangente de $\frac{a}{3}$ est négative, elle correspondra évidemment à la racine négative de l'équation. Si tang $\frac{a}{3}$ est positive, on ramènera l'arc $\frac{a}{3}$ au premier quadrant; et suivant que l'arc obtenu sera plus petit ou plus grand que 45°, il faudra prendre pour tang $\frac{a}{3}$ la racine plus petite, ou plus grande que l'unité.

On trouvera de même à quelle racine correspond tang $\frac{a}{3}$ lorsque b sera négatif.

Formules qui servent à transformer en produit la somme ou la différence de deux lignes trigonométriques.

25. On a :

$$(1) \qquad \sin a + \sin b = 2 \sin\left(\frac{a+b}{2}\right) \cos\left(\frac{a-b}{2}\right),$$

$$(2) \qquad \sin a - \sin b = 2 \sin\left(\frac{a-b}{2}\right) \cos\left(\frac{a+b}{2}\right),$$

$$(3) \qquad \cos a + \cos b = 2 \cos\left(\frac{a+b}{2}\right) \cos\left(\frac{a-b}{2}\right),$$

$$(4) \qquad \cos a - \cos b = 2 \sin\left(\frac{a+b}{2}\right) \sin\left(\frac{b-a}{2}\right).$$

En effet, posons

$$\frac{a+b}{2} = p, \quad \frac{a-b}{2} = q,$$

il en résultera

$$a = p + q, \quad b = p - q,$$

et, par suite,

$$\sin a + \sin b = \sin(p+q) + \sin(p-q),$$
$$\sin a - \sin b = \sin(p+q) - \sin(p-q),$$
$$\cos a + \cos b = \cos(p+q) + \cos(p-q),$$
$$\cos a - \cos b = \cos(p+q) - \cos(p-q).$$

Mais les formules

$$\sin(p \pm q) = \sin p \cos q \pm \sin q \cos p,$$
$$\cos(p \pm q) = \cos p \cos q \mp \sin p \sin q,$$

donnent

$$\begin{aligned}
\sin(p+q)+\sin(p-q) &= 2\sin p\cos q,\\
\sin(p+q)-\sin(p-q) &= 2\sin q\cos p,\\
\cos(p+q)+\cos(p-q) &= 2\cos p\cos q,\\
\cos(p+q)-\cos(p-q) &= -2\sin p\sin q;
\end{aligned}$$

d'où

$$\begin{aligned}
\sin a+\sin b &= 2\sin p\cos q = 2\sin\left(\frac{a+b}{2}\right)\cos\left(\frac{a-b}{2}\right),\\
\sin a-\sin b &= 2\sin q\cos p = 2\sin\left(\frac{a-b}{2}\right)\cos\left(\frac{a+b}{2}\right),\\
\cos a+\cos b &= 2\cos p\cos q = 2\cos\left(\frac{a+b}{2}\right)\cos\left(\frac{a-b}{2}\right),\\
\cos a-\cos b &= -2\sin p\sin q = 2\sin\left(\frac{a+b}{2}\right)\sin\left(\frac{b-a}{2}\right).
\end{aligned}$$

On peut aussi transformer en produit la somme et la différence de deux tangentes, et de deux sécantes, car

$$\operatorname{tang} a \pm \operatorname{tang} b = \frac{\sin a}{\cos a} \pm \frac{\sin b}{\cos b} = \frac{\sin a\cos b \pm \sin b\cos a}{\cos a\cos b};$$

donc

$$\operatorname{tang} a \pm \operatorname{tang} b = \frac{\sin(a \pm b)}{\cos a\cos b}, \tag{5}$$

$$\left\{\begin{aligned}
\operatorname{séc} a+\operatorname{séc} b &= \frac{1}{\cos a}+\frac{1}{\cos b} = \frac{\cos b+\cos a}{\cos a\cos b}\\
&= \frac{2\cos\left(\frac{a+b}{2}\right)\cos\left(\frac{a-b}{2}\right)}{\cos a\cos b},
\end{aligned}\right. \tag{6}$$

$$\left\{\begin{aligned}
\operatorname{séc} a-\operatorname{séc} b &= \frac{1}{\cos a}-\frac{1}{\cos b} = \frac{\cos b-\cos a}{\cos a\cos b}\\
&= \frac{2\sin\left(\frac{a+b}{2}\right)\sin\left(\frac{a-b}{2}\right)}{\cos a\cos b}.
\end{aligned}\right. \tag{7}$$

Pour transformer en produit $\sin a+\cos b$, on remplacera $\cos b$ par $\sin(90^\circ - b)$, d'où

$$\begin{aligned}
\sin a+\cos b &= \sin a+\sin(90^\circ-b)\\
&= 2\sin\left(45^\circ+\frac{a-b}{2}\right)\cos\left(\frac{a+b}{2}-45^\circ\right).
\end{aligned}$$

26. En général, pour appliquer les logarithmes au calcul trigonométrique, il est nécessaire que les expressions sur lesquelles on doit opérer soient des monômes, entiers ou fractionnaires. On est donc conduit à remplacer par un seul terme la somme algébrique de plusieurs termes.

Considérons d'abord le cas particulier où l'on aurait deux termes. Soit, par exemple, la somme $a+b$ de deux termes a, b, contenant des lignes trigonométriques quelconques.

On remplacera $a+b$ par $a\left(1+\frac{b}{a}\right)$; puis, on déterminera un angle auxiliaire φ, tel que $\operatorname{tang}\varphi=\frac{b}{a}$. Il en résultera

$$a+b=a(1+\operatorname{tang}\varphi)=a\left(1+\frac{\sin\varphi}{\cos\varphi}\right)=\frac{a}{\cos\varphi}(\cos\varphi+\sin\varphi):$$

mais

$$\cos\varphi+\sin\varphi=\sin(90^\circ-\varphi)+\sin\varphi=2\sin45^\circ\cos(45^\circ-\varphi);$$

donc

$$a+b=\frac{2a\sin45^\circ\cos(45^\circ-\varphi)}{\cos\varphi}=\frac{a\sqrt{2}\cos(45^\circ-\varphi)}{\cos\varphi}.$$

Par un calcul entièrement semblable, le binôme $a-b$ se transformera en monôme.

Soit, maintenant, une expression $a-b+c-d+\ldots$, renfermant autant de termes que l'on voudra ; on pourra toujours, d'après ce qui précède, réduire deux de ses termes en un seul. A chaque opération semblable, le nombre des termes se réduira d'une unité; on arrivera donc à une expression composée d'un seul terme.

27. Pour donner un exemple de ces transformations, considérons l'équation du second degré

$$x^2+px-q=0,$$

dont les racines $x=-\frac{p}{2}\pm\sqrt{\frac{p^2}{4}+q}$ sont réelles. On pourra d'abord les mettre sous la forme suivante :

$$x=\frac{p}{2}\left(-1\pm\sqrt{1+\frac{4q}{p^2}}\right).$$

Soit φ un angle auxiliaire, tel que $\operatorname{tang}^2\varphi=\frac{4q}{p^2}$, il viendra

$$x=\frac{p}{2}(-1\pm\operatorname{séc}\varphi)=\frac{p}{2}\left(\frac{-\cos\varphi\pm1}{\cos\varphi}\right).$$

Si l'on prend le radical avec le signe $+$, on aura

$$x'=\frac{p}{2}\left(\frac{1-\cos\varphi}{\cos\varphi}\right)=\frac{p\sin^2\frac{\varphi}{2}}{\cos\varphi};$$

et, en prenant le radical avec le signe $-$, on aura

$$x''=-\frac{p}{2}\left(\frac{1+\cos\varphi}{\cos\varphi}\right),\quad\text{ou}\quad x''=-\frac{p\cos^2\frac{\varphi}{2}}{\cos\varphi}.$$

L'équation $x^2 + px + q = 0$ donne

$$x = \frac{p}{2}\left(-1 \pm \sqrt{1 - \frac{4q}{p^2}}\right).$$

Pour que ces racines soient réelles et inégales, il faut qu'on ait $\frac{4q}{p^2} < 1$.

Posons

$$\frac{4q}{p^2} = \sin^2\varphi;$$

il en résultera

$$x = \frac{p}{2}(-1 \pm \cos\varphi);$$

d'où

$$x' = -p\sin^2\frac{\varphi}{2},$$

$$x'' = -p\cos^2\frac{\varphi}{2}.$$

Les équations

$$x^2 - px - q = 0,$$
$$x^2 - px + q = 0,$$

donneront, pour x', x'', des valeurs égales et de signes contraires à celles que l'on vient de considérer

28. Des formules (1), (2), (3), (4) du n° 25, on déduit

$$(8) \qquad \frac{\sin a + \sin b}{\sin a - \sin b} = \frac{2\sin\left(\frac{a+b}{2}\right)\cos\left(\frac{a-b}{2}\right)}{2\sin\left(\frac{a-b}{2}\right)\cos\left(\frac{a+b}{2}\right)} = \frac{\operatorname{tang}\left(\frac{a+b}{2}\right)}{\operatorname{tang}\left(\frac{a-b}{2}\right)},$$

$$(9) \qquad \frac{\sin a + \sin b}{\cos a + \cos b} = \frac{2\sin\left(\frac{a+b}{2}\right)\cos\left(\frac{a-b}{2}\right)}{2\cos\left(\frac{a+b}{2}\right)\cos\left(\frac{a-b}{2}\right)} = \operatorname{tang}\left(\frac{a+b}{2}\right),$$

$$(10) \qquad \frac{\sin a + \sin b}{\cos a - \cos b} = \frac{2\sin\left(\frac{a+b}{2}\right)\cos\left(\frac{a-b}{2}\right)}{2\sin\left(\frac{a+b}{2}\right)\sin\left(\frac{b-a}{2}\right)} = \operatorname{cotang}\left(\frac{b-a}{2}\right),$$

$$(11) \qquad \frac{\sin a - \sin b}{\cos a + \cos b} = \frac{2\sin\left(\frac{a-b}{2}\right)\cos\left(\frac{a+b}{2}\right)}{2\cos\left(\frac{a+b}{2}\right)\cos\left(\frac{a-b}{2}\right)} = \operatorname{tang}\left(\frac{a-b}{2}\right),$$

$$(12) \qquad \frac{\sin a - \sin b}{\cos a - \cos b} = \frac{2\sin\left(\frac{a-b}{2}\right)\cos\left(\frac{a+b}{2}\right)}{2\sin\left(\frac{a+b}{2}\right)\sin\left(\frac{b-a}{2}\right)} = -\operatorname{cotang}\left(\frac{a+b}{2}\right).$$

$$(13)\quad \left\{\begin{aligned} \frac{\cos a+\cos b}{\cos a-\cos b} &= \frac{2\cos\left(\frac{a+b}{2}\right)\cos\left(\frac{a-b}{2}\right)}{2\sin\left(\frac{a+b}{2}\right)\sin\left(\frac{b-a}{2}\right)} \\ &= \operatorname{cotang}\left(\frac{a+b}{2}\right)\operatorname{cotang}\left(\frac{b-a}{2}\right), \end{aligned}\right.$$

$$(\sin a+\sin b)(\sin a-\sin b)$$
$$= 2\sin\left(\frac{a+b}{2}\right)\cos\left(\frac{a-b}{2}\right)2\sin\left(\frac{a-b}{2}\right)\cos\left(\frac{a+b}{2}\right),$$

ou

$$(14)\qquad \sin^2 a-\sin^2 b=\sin(a+b)\sin(a-b).$$

La formule (8), qui sera, plus loin, appliquée à la résolution des triangles, peut être énoncée de la manière suivante : *La somme des sinus de deux arcs est à la différence de ces mêmes sinus, comme la tangente de la demi-somme des arcs est à la tangente de leur demi-différence.*

29. Nous placerons encore ici quelques autres formules qui méritent d'être remarquées.

Soient a, b, c, trois arcs dont la somme est égale à 180° : on aura

1° $$\cos^2 a+\cos^2 b+\cos^2 c+2\cos a\cos b\cos c=1;$$

car

$$\cos(b+c)=\cos(180°-a)=-\cos a;$$

d'où

$$\cos b\cos c-\sin b\sin c=-\cos a,$$

et, par suite,

$$\cos b\cos c+\cos a=\sin b\sin c.$$

Élevant au carré, et remplaçant $\sin^2 b.\sin^2 c$ par $(1-\cos^2 b)(1-\cos^2 c)$, il vient

$$\cos^2 b\cos^2 c+\cos^2 a+2\cos a\cos b\cos c=1-\cos^2 b-\cos^2 c+\cos^2 b\cos^2 c,$$

ou

$$\cos^2 a+\cos^2 b+\cos^2 c+2\cos a\cos b\cos c=1.$$

2° $$\sin a+\sin b+\sin c=4\cos\frac{a}{2}\cos\frac{b}{2}\cos\frac{c}{2}.$$

En effet,

$$\sin a+\sin b+\sin c=\sin a+\sin b+\sin(a+b),$$

puisque

$$c=180°-(a+b).$$

Mais,

$$\sin a+\sin b=2\sin\left(\frac{a+b}{2}\right)\cos\left(\frac{a-b}{2}\right),$$

et

$$\sin(a+b)=2\sin\left(\frac{a+b}{2}\right)\cos\left(\frac{a+b}{2}\right);$$

donc

$$\sin a + \sin b + \sin c = 2 \sin\left(\frac{a+b}{2}\right)\left[\cos\left(\frac{a-b}{2}\right) + \cos\left(\frac{a+b}{2}\right)\right].$$

Remplaçant $\sin\left(\frac{a+b}{2}\right)$ par $\cos\frac{c}{2}$, et $\cos\left(\frac{a-b}{2}\right) + \cos\left(\frac{a+b}{2}\right)$ par $2\cos\frac{a}{2}\cos\frac{b}{2}$, on a

$$\sin a + \sin b + \sin c = 4\cos\frac{a}{2}\cos\frac{b}{2}\cos\frac{c}{2}.$$

3° $$\operatorname{tang} a + \operatorname{tang} b + \operatorname{tang} c = \operatorname{tang} a \operatorname{tang} b \operatorname{tang} c.$$

L'égalité $a + b + c = 180°$ donne

$$\operatorname{tang}(a+b) = -\operatorname{tang} c,$$

ou

$$\frac{\operatorname{tang} a + \operatorname{tang} b}{1 - \operatorname{tang} a \operatorname{tang} b} = -\operatorname{tang} c.$$

En faisant disparaître le dénominateur, on obtient

$$\operatorname{tang} a + \operatorname{tang} b = -\operatorname{tang} c + \operatorname{tang} a \operatorname{tang} b \operatorname{tang} c,$$

et, par conséquent,

$$\operatorname{tang} a + \operatorname{tang} b + \operatorname{tang} c = \operatorname{tang} a \operatorname{tang} b \operatorname{tang} c.$$

Remarque. Lorsque trois arcs a, b, c sont liés entre eux par la relation

(1) $$\cos^2 a + \cos^2 b + \cos^2 c + 2\cos a.\cos b.\cos c = 1,$$

leur somme, ou la somme de deux de ces arcs diminuée du troisième, est égale à un nombre impair de demi-circonférences.

En effet, de l'équation (1) on déduit successivement

$$\cos^2 a + \cos^2 b + (\cos c + \cos a \cos b)^2 = 1 + \cos^2 a \cos^2 b;$$
$$(\cos c + \cos a \cos b)^2 = 1 + \cos^2 a \cos^2 b - \cos^2 a - \cos^2 b;$$
$$(\cos c + \cos a \cos b)^2 = (1 - \cos^2 a)(1 - \cos^2 b) = \sin^2 a \sin^2 b;$$
$$(\cos c + \cos a \cos b - \sin a \sin b)(\cos c + \cos a \cos b + \sin a \sin b) = 0;$$
$$[\cos c + \cos(a+b)][\cos c + \cos(a-b)] = 0;$$
$$\cos\left(\frac{a+b+c}{2}\right)\cos\left(\frac{a+b-c}{2}\right)\cos\left(\frac{a+c-b}{2}\right)\cos\left(\frac{b+c-a}{2}\right) = 0.$$

Cette dernière égalité entraîne l'une quelconque des quatre suivantes :

$$\frac{a+b+c}{2} = (2n+1)\frac{\pi}{2}, \quad \frac{a+b-c}{2} = (2n+1)\frac{\pi}{2},$$
$$\frac{a+c-b}{2} = (2n+1)\frac{\pi}{2}, \quad \frac{b+c-a}{2} = (2n+1)\frac{\pi}{2};$$

ou

$$a+b+c = (2n+1)\pi, \quad a+b-c = (2n+1)\pi,$$
$$a+c-b = (2n+1)\pi, \quad b+c-a = (2n+1)\pi.$$

C'est ce qu'il fallait démontrer.

Un calcul entièrement semblable à celui qui précède transforme l'équation

(2) $$\cos^2 a + \cos^2 b + \cos^2 c - 2\cos a.\cos b.\cos c = 1$$

en celle-ci :

$$\sin\left(\frac{a+b+c}{2}\right)\sin\left(\frac{a+b-c}{2}\right)\sin\left(\frac{a+c-b}{2}\right)\sin\left(\frac{b+c-a}{2}\right) = 0;$$

d'où il faut conclure que trois arcs a, b, c, qui vérifient l'équation (2) satisfont nécessairement à l'une des conditions

$$a+b+c = 2n\pi,\quad a+b-c = 2n\pi,\quad a+c-b = 2n\pi,\quad b+c-a = 2n\pi,$$

c'est-à-dire que la somme de ces trois arcs, ou la somme de deux d'entre eux diminuée du troisième, est égale à un nombre entier de circonférences, qui peut être nul, ou négatif.

VALEURS DES SINUS ET COSINUS DES ARCS $\frac{\pi}{3}, \frac{\pi}{6}, \ldots, \frac{\pi}{5}, \frac{\pi}{10}, \ldots, \frac{\pi}{4}, \frac{\pi}{8} \ldots$ — CÔTÉ DU DÉCAGONE RÉGULIER INSCRIT. — CONSTRUCTION GÉOMÉTRIQUE. — INSCRIPTION DU POLYGONE RÉGULIER DE QUINZE CÔTÉS.

30. Nous avons démontré (n° 8) qu'on a :

$$\sin\frac{\pi}{3} = \frac{1}{2}\sqrt{3},\quad \sin\frac{\pi}{6} = \frac{1}{2},\quad \cos\frac{\pi}{3} = \frac{1}{2},\quad \cos\frac{\pi}{6} = \frac{1}{2}\sqrt{3}.$$

Pour obtenir le sinus et le cosinus de l'arc $\frac{\pi}{12}$, nous emploierons les formules

$$\sin\frac{a}{2} = \pm\frac{1}{2}\sqrt{1+\sin a} \pm \frac{1}{2}\sqrt{1-\sin a},$$

$$\cos\frac{a}{2} = \pm\frac{1}{2}\sqrt{1+\sin a} \mp \frac{1}{2}\sqrt{1-\sin a} \quad (\text{n° } 20),$$

d'où, en remplaçant a par $\frac{\pi}{6}$,

$$\sin\frac{\pi}{12} = \frac{1}{2}\sqrt{\frac{3}{2}} - \frac{1}{2}\sqrt{\frac{1}{2}},$$

$$\cos\frac{\pi}{12} = \frac{1}{2}\sqrt{\frac{3}{2}} + \frac{1}{2}\sqrt{\frac{1}{2}}.$$

On déterminerait par un calcul semblable le sinus et le cosinus des arcs $\frac{\pi}{24}$, $\frac{\pi}{48}$, etc. On pourrait aussi faire usage des formules

$$\sin\frac{a}{2} = \sqrt{\frac{1-\cos a}{2}},\quad \cos\frac{a}{2} = \sqrt{\frac{1+\cos a}{2}}.$$

La détermination des sinus des arcs $\frac{\pi}{5}$, $\frac{\pi}{10}$, etc., repose sur la construction du côté du décagone régulier inscrit, question résolue dans tous les Traités de Géométrie élémentaire. On sait que le côté dont il s'agit est égal au plus grand segment du rayon divisé en moyenne et extrême raison, et qu'il a pour valeur $\frac{-1+\sqrt{5}}{2}$, en prenant le rayon pour unité. Or, le sinus de $\frac{\pi}{10}$ étant la moitié de ce côté, on a

$$\sin\frac{\pi}{10} = \frac{-1+\sqrt{5}}{4} \quad (*).$$

Par suite,

$$\cos\frac{\pi}{10} = \sqrt{1-\sin^2\frac{\pi}{10}} = \frac{1}{4}\sqrt{10+2\sqrt{5}}.$$

Comme $\sin\frac{\pi}{5} = 2\sin\frac{\pi}{10}\cos\frac{\pi}{10}$, il vient

$$\sin\frac{\pi}{5} = \frac{1}{4}\sqrt{10-2\sqrt{5}}.$$

Au moyen de l'une des expressions

$$\cos\frac{\pi}{5} = \cos^2\frac{\pi}{10} - \sin^2\frac{\pi}{10}, \quad \cos\frac{\pi}{5} = \sqrt{1-\sin^2\frac{\pi}{5}},$$

on trouve

$$\cos\frac{\pi}{5} = \frac{1}{4}(1+\sqrt{5}).$$

On voit aisément ce qu'il faudrait faire pour calculer les sinus et cosinus des arcs $\frac{\pi}{20}$, $\frac{\pi}{40}$, etc.

(*) On peut encore déterminer le sinus de $\frac{\pi}{10}$ par le calcul suivant : on a

$$\sin\frac{3\pi}{10} = \cos\frac{2\pi}{10},$$

puisque les deux arcs $\frac{3\pi}{10}$, $\frac{2\pi}{10}$ sont complémentaires. Or,

$$\sin\frac{3\pi}{10} = 3\sin\frac{\pi}{10} - 4\sin^3\frac{\pi}{10} \quad (\text{n}^\text{o}\ 18);$$

d'ailleurs,

$$\cos\frac{2\pi}{10} = \cos^2\frac{\pi}{10} - \sin^2\frac{\pi}{10} = 1 - 2\sin^2\frac{\pi}{10} :$$

donc

$$3\sin\frac{\pi}{10} - 4\sin^3\frac{\pi}{10} = 1 - 2\sin^2\frac{\pi}{10};$$

d'où, en posant $\sin\frac{\pi}{10} = x$,

$$3x - 4x^3 = 1 - 2x^2, \quad 4x^3 - 2x^2 - 3x + 1 = 0.$$

Cette dernière équation admet l'unité pour racine; en supprimant cette solution étrangère, il vient

$$4x^2 + 2x - 1 = 0,$$

équation dont la racine positive $\frac{-1+\sqrt{5}}{4}$ est le sinus de $\frac{\pi}{10}$.

Les formules $\sin\frac{a}{2} = \sqrt{\frac{1-\cos a}{2}}$, $\cos\frac{a}{2} = \sqrt{\frac{1+\cos a}{2}}$ donnent

$$\sin\frac{\pi}{8} = \sqrt{\frac{1-\cos\frac{\pi}{4}}{2}}, \quad \cos\frac{\pi}{8} = \sqrt{\frac{1+\cos\frac{\pi}{4}}{2}},$$

mais

$$\sin\frac{\pi}{4} = \frac{1}{2}\sqrt{2} \quad \text{et} \quad \cos\frac{\pi}{4} = \frac{1}{2}\sqrt{2} \ (\text{n}^\circ\ 8):$$

donc

$$\sin\frac{\pi}{8} = \frac{1}{2}\sqrt{2-\sqrt{2}} \quad \text{et} \quad \cos\frac{\pi}{8} = \frac{1}{2}\sqrt{2+\sqrt{2}}.$$

De même

$$\sin\frac{\pi}{16} = \sqrt{\frac{1-\cos\frac{\pi}{8}}{2}} \quad \text{et} \quad \cos\frac{\pi}{16} = \sqrt{\frac{1+\cos\frac{\pi}{8}}{2}};$$

en substituant à $\cos\frac{\pi}{8}$ sa valeur, il vient

$$\sin\frac{\pi}{16} = \frac{1}{2}\sqrt{2-\sqrt{2+\sqrt{2}}}, \quad \cos\frac{\pi}{16} = \frac{1}{2}\sqrt{2+\sqrt{2+\sqrt{2}}}.$$

On obtient de même

$$\sin\frac{\pi}{32} = \frac{1}{2}\sqrt{2-\sqrt{2+\sqrt{2+\sqrt{2}}}} \quad \text{et} \quad \cos\frac{\pi}{32} = \frac{1}{2}\sqrt{2+\sqrt{2+\sqrt{2+\sqrt{2}}}};$$

et ainsi de suite, la loi est évidente.

31. En désignant par x le côté du pentédécagone régulier inscrit, on a d'abord

$$x = 2\sin\frac{\pi}{15},$$

ou

$$x = 2\sin\left(\frac{\pi}{6}-\frac{\pi}{10}\right) = 2\sin\frac{\pi}{6}\cos\frac{\pi}{10} - 2\sin\frac{\pi}{10}\cos\frac{\pi}{6}.$$

Et, en remplaçant $\sin\frac{\pi}{6}$, $\cos\frac{\pi}{10}$, $\sin\frac{\pi}{10}$, $\cos\frac{\pi}{6}$ par leurs valeurs (n° 30), il vient

$$x = \frac{1}{4}\sqrt{10+2\sqrt{5}} - \frac{1}{4}\sqrt{3}\left(-1+\sqrt{5}\right).$$

Remarque. Soient a et b les côtés du pentagone et du décagone réguliers inscrits, on aura

$$a = 2\sin\frac{\pi}{5} = \frac{1}{2}\sqrt{10-2\sqrt{5}} \quad \text{et} \quad b = \frac{-1+\sqrt{5}}{2};$$

par suite $a^2 - b^2 = 1$.

Donc la différence des carrés de ces deux côtés est égale au carré du rayon.

CHAPITRE II.

CONSTRUCTION DES TABLES TRIGONOMÉTRIQUES.

32. Sachant que les lignes trigonométriques sont représentées par des nombres, proposons-nous de déterminer les valeurs de ces nombres pour les arcs de 10″ en 10″ dans l'ancienne division de la circonférence.

Les lignes trigonométriques prenant dans le premier quadrant toutes les valeurs absolues qu'elles sont susceptibles de recevoir, il suffit de déterminer ces valeurs pour les arcs compris entre 0° et 90°; on peut même limiter le calcul à l'arc de 45°, à cause des lignes complémentaires : par exemple, on aura le sinus de 72° en déterminant le cosinus de 18°. On a donc seulement à calculer les différentes lignes trigonométriques des arcs compris entre 0° et 45°, en établissant entre ces arcs la différence indiquée plus haut.

Les relations qui existent entre les lignes trigonométriques d'un même arc, permettant de les obtenir toutes lorsque le sinus est connu, c'est la détermination de cette dernière ligne qui va d'abord nous occuper.

Le plus petit des arcs que nous avons à considérer est l'arc de 10″; la recherche du sinus de cet arc repose sur quelques propositions que nous allons faire connaître.

Dans le premier quadrant : 1° un arc est plus grand que son sinus et plus petit que sa tangente.

Car l'arc BA (*fig.* 6) est plus grand que la corde BA ; et, par conséquent, on a arc BA $>$ BD. D'ailleurs, en menant les tangentes AEF, BE, on aura arc BA $<$ AE $+$ BE ; et BE $<$ EF, donc arc BA $<$ AF.

2° Si l'on fait décroître l'arc, supposé moindre que 90°, le rapport de l'arc à son sinus décroîtra aussi, et ce rapport a pour limite l'unité.

Pour démontrer que le rapport de l'arc au sinus va en diminuant lorsque l'arc devient de plus en plus petit, il suffit d'établir l'inégalité

$$\frac{a+b}{\sin(a+b)} > \frac{a}{\sin a}, \quad \text{ou} \quad (a+b)\sin a - a\sin(a+b) > 0;$$

$$(a+b)\sin a - a(\sin a\cos b + \sin b\cos a) > 0,$$

ce qu'on peut écrire ainsi :

$$a\sin a(1-\cos b) + b\sin a - a\sin b\cos a > 0.$$

Le premier terme $a\sin a\,(1-\cos b)$ étant nécessairement positif, tout se réduit à vérifier l'inégalité

$$b\sin a - a\sin b\cos a > 0,$$

qui revient à $b \tan a - a \sin b > 0$, en divisant par $\cos a$. Or, cette dernière inégalité est évidente, puisqu'on a

$$b > \sin b, \quad \text{et} \quad \tan a > a.$$

Démontrons maintenant que le rapport de l'arc au sinus a pour limite l'unité, lorsque l'arc converge vers zéro.

Le rapport $\frac{a}{\sin a}$ est compris entre 1 et $\frac{\tan a}{\sin a}$; mais $\frac{\tan a}{\sin a}$ est égal à $\frac{1}{\cos a}$; donc, les trois nombres $1, \frac{a}{\sin a}, \frac{1}{\cos a}$, sont rangés par ordre de grandeur. Lorsque a diminue, $\frac{1}{\cos a}$ se rapproche de l'unité et peut en différer aussi peu qu'on voudra; le rapport $\frac{a}{\sin a}$ étant compris entre 1 et $\frac{1}{\cos a}$ peut lui-même approcher de l'unité autant que l'on voudra, et, par conséquent, il a pour limite l'unité.

3° La différence entre l'arc et le sinus diminue lorsque l'arc décroît, et cette différence est moindre que le quart du cube de l'arc.

On a (*fig.* 6) arc $Af - fG >$ arc $AB - BD$, puisque cette inégalité revient à arc $Af -$ arc $AB > fG - BD$, ou arc $fB > fH$; ce qui est évident. Ainsi, l'excès d'un arc sur son sinus diminue avec l'arc.

De plus, en désignant par a l'arc considéré, on aura

$$a - \sin a < \frac{a^3}{4}.$$

En effet, l'inégalité $\tan\frac{a}{2} > \frac{a}{2}$ donne successivement

$$\frac{\sin\frac{a}{2}}{\cos\frac{a}{2}} > \frac{a}{2}, \quad \sin\frac{a}{2} > \frac{a}{2}\cos\frac{a}{2};$$

puis multipliant, de part et d'autre, par $2\cos\frac{a}{2}$, il vient

$$\sin a > a\cos^2\frac{a}{2}, \quad \text{ou} \quad \sin a > a\left(1 - \sin^2\frac{a}{2}\right).$$

Si l'on remplace $\sin\frac{a}{2}$ par $\frac{a}{2}$, on aura, à plus forte raison,

$$\sin a > a\left(1 - \frac{a^2}{4}\right), \quad \text{ou} \quad \sin a > a - \frac{a^3}{4},$$

c'est-à-dire que la différence $a - \sin a$ entre l'arc et le sinus est moindre que $\frac{a^3}{4}$, le quart du cube de l'arc (*). Ainsi, l'erreur commise en substituant l'arc au sinus est moindre que le quart du cube de l'arc.

(*) On verra plus loin (Chap. VI) que cette différence est plus petite que le sixième du cube de l'arc.

33. Cherchons actuellement la valeur de l'arc de 10″, en supposant le rayon égal à l'unité.

L'arc de 180° a pour valeur le nombre π, ou

$$3,14159\ 26535\ 89793\ldots$$

Or, 180° = 648000″; donc

$$\text{arc}\, 10'' = \frac{\pi}{64\,800} = 0,00004\ 84813\ 68110\ldots$$

L'inégalité $\sin 10'' < \text{arc}\, 10''$ revient à

(1) $$\sin 10'' < 0,00004\ 84813\ 68110\ldots.$$

On a, de plus,

$$\text{arc}\, 10'' < 0,00005;$$

d'où

$$\frac{1}{4}(\text{arc}\, 10'')^3 < 0,00000\ 00000\ 00032.$$

Il en résulte

$$\sin 10'' > 0,00004\ 84813\ 68110\ldots - 0,00000\ 00000\ 00032,$$

ou, en effectuant la soustraction,

(2) $$\sin 10'' > 0,00004\ 84813\ 68078\ldots.$$

On voit, d'après les inégalités (1) et (2), que l'arc de 10″ représente le sinus de 10″ à moins d'une demi-unité du treizième ordre décimal; ainsi, en prenant

$$\sin 10'' = 0,00004\ 84813\ 681,$$

l'erreur commise sera moindre qu'une demi-unité du dernier chiffre conservé.

La formule $\cos 10'' = \sqrt{1 - \sin^2 10''}$ donnerait une valeur approchée de $\cos 10''$, au moyen de celle de $\sin 10''$; mais il est préférable d'employer la relation

$$\cos a = \cos^2\frac{a}{2} - \sin^2\frac{a}{2} = 1 - 2\sin^2\frac{a}{2}.$$

En ayant égard à cette relation et aux inégalités

$$\sin\frac{a}{2} < \frac{a}{2}, \quad \text{et} \quad \sin\frac{a}{2} > \frac{a}{2} - \frac{1}{4}\left(\frac{a}{2}\right)^3,$$

on a

$$\cos a > 1 - \frac{a^2}{2} \quad \text{et} \quad \cos a < 1 - \frac{a^2}{2} + \frac{a^4}{16}.$$

De sorte qu'en prenant $\cos a = 1 - \dfrac{a^2}{2}$, l'erreur commise est moindre que $\dfrac{a^4}{16}$.

L'arc a de 10″ est moindre que $\frac{1}{2.10^5}$; il s'ensuit

$$\frac{a^4}{16} < \frac{1}{256.10^{16}} < \frac{1}{2.10^{18}}.$$

La formule $\cos a = 1 - \frac{a^2}{2}$ déterminera donc la valeur de cos 10″ à moins d'une demi-unité du dix-huitième ordre décimal. En s'arrêtant aux treize premiers chiffres décimaux, on trouve cos 10″ = 0,99999 99988 248.

34. Il faut maintenant calculer les sinus et les cosinus des arcs renfermés dans la première moitié du quadrant, en établissant entre eux, comme nous l'avons dit, une différence de 10″. Les formules

$$\sin(a+b) + \sin(a-b) = 2\sin a \cos b,$$
$$\cos(a+b) + \cos(a-b) = 2\cos a \cos b,$$

deviennent, en posant $a = mb$,

(1) $\sin(m+1)b = \sin mb \times 2\cos b - \sin(m-1)b,$

(2) $\cos(m+1)b = \cos mb \times 2\cos b - \cos(m-1)b$ (*).

La relation (1) montre que si l'on connaissait les sinus de deux multiples consécutifs $(m-1)b$, mb de l'arc b, on obtiendrait le sinus du multiple $(m+1)b$ immédiatement supérieur, en multipliant $\sin mb$ par $2\cos b$, et $\sin(m-1)b$ par -1, et en ajoutant les deux résultats. Le cosinus de $(m+1)b$ s'obtiendrait d'après la même règle.

Si l'on pose $b = 10''$, on aura, en remplaçant successivement m par 1, 2, etc.,

$$\sin 20'' = \sin 10'' \times 2\cos 10'' - \sin 0^\circ = 2\sin 10'' \cos 10'',$$
$$\cos 20'' = \cos 10'' \times 2\cos 10'' - \cos 0^\circ = 2\cos^2 10'' - 1,$$
$$\sin 30'' = \sin 20'' \times 2\cos 10'' - \sin 10'',$$
$$\cos 30'' = \cos 20'' \times 2\cos 10'' - \cos 10'',$$

....

Le calcul peut encore être simplifié de la manière suivante.

Le facteur 2 cos 10″ diffère peu de deux unités, parce que 1 — cos 10″ est un nombre très-petit. Soit

$$2\cos 10'' = 2 - k,$$

on aura

$$k = 0,00000\,00023\,504\ldots.$$

En remplaçant, dans les formules (1) et (2), $2\cos b$ par $2-k$, elles deviendront

$$\sin(m+1)b = (2-k)\sin mb - \sin(m-1)b,$$
$$\cos(m+1)b = (2-k)\cos mb - \cos(m-1)b,$$

(*) Les formules (1) et (2), qui établissent des relations entre les sinus et les cosinus de trois arcs en progression arithmétique, sont les formules de *Thomas Simpson*.

ou

$$(3)\quad \sin(m+1)b - \sin mb = \sin mb - \sin(m-1)b - k\sin mb,$$

$$(4)\quad \cos(m+1)b - \cos mb = \cos mb - \cos(m-1)b - k\cos mb.$$

Lorsque la différence $\sin(m+1)b - \sin mb$ sera connue, en l'augmentant de $\sin mb$, on aura $\sin(m+1)b$. Or, la formule (3) montre que cette différence est égale à la différence $\sin mb - \sin(m-1)b$ déjà calculée, moins le produit $k \sin mb$, dont un des facteurs, k, est invariable. On abrégera les opérations en formant, par avance, les produits du nombre k par les neuf chiffres significatifs. Les produits partiels qui composent chaque produit tel que $k\sin mb$ seront ainsi déterminés ; leur somme donnera le produit cherché $k \sin mb$.

Au moyen de la formule (4), on calculera de même les cosinus des arcs de $10''$ en $10''$.

Les sinus des arcs compris entre 30° et 45° s'obtiennent par de simples soustractions lorsqu'on a les valeurs des sinus et cosinus des arcs compris entre 0° et 30°. Car, en remplaçant a par 30°, les égalités

$$\sin(a+b) + \sin(a-b) = 2\sin a\cos b,$$

$$\cos(a-b) - \cos(a+b) = 2\sin a\sin b,$$

deviennent

$$\sin(30^\circ + b) + \sin(30^\circ - b) = \cos b,$$

$$\cos(30^\circ - b) - \cos(30^\circ + b) = \sin b.$$

D'où

$$\sin(30^\circ + b) = \cos b - \sin(30^\circ - b),$$

$$\cos(30^\circ + b) = \cos(30^\circ - b) - \sin b.$$

Par exemple

$$\sin(30^\circ 0' 10'') = \cos 10'' - \sin(29^\circ 59' 50''),$$

et

$$\cos(30^\circ 0' 10'') = \cos(29^\circ 59' 50'') - \sin 10''.$$

35. On peut facilement obtenir quelques vérifications du calcul que nous venons d'indiquer, en déterminant directement les sinus et les cosinus des arcs de 9° en 9°.

On a trouvé (n° 30, p. 30)

$$\sin\frac{\pi}{10} = \frac{-1+\sqrt{5}}{4} = \sin 18^\circ,$$

$$\cos\frac{\pi}{10} = \frac{1}{4}\sqrt{10+2\sqrt{5}} = \cos 18^\circ.$$

Les formules qui déterminent le sinus et le cosinus de la moitié d'un arc, en fonction du sinus de cet arc, donneront

$$\sin 9^\circ = \frac{1}{4}\sqrt{3+\sqrt{5}} - \frac{1}{4}\sqrt{5-\sqrt{5}},$$

$$\cos 9^\circ = \frac{1}{4}\sqrt{3+\sqrt{5}} + \frac{1}{4}\sqrt{5-\sqrt{5}}.$$

On aura aussi

$$\sin 36^\circ = 2\sin 18^\circ \cos 18^\circ = \frac{1}{4}\sqrt{10 - 2\sqrt{5}},$$

$$\cos 36^\circ = \cos^2 18^\circ - \sin^2 18^\circ = \frac{1}{4}\left(1 + \sqrt{5}\right).$$

Le sinus et le cosinus de 27° s'expriment au moyen du cosinus de 36° qui est égal au sinus de l'arc de 54°, double de l'arc de 27°.

D'ailleurs $\sin 45^\circ = \cos 45^\circ = \frac{1}{2}\sqrt{2}$; on pourra donc former le tableau suivant :

$$\sin 0^\circ = 0,$$

$$\cos 0^\circ = 1,$$

$$\sin 9^\circ = \frac{1}{4}\sqrt{3 + \sqrt{5}} - \frac{1}{4}\sqrt{5 - \sqrt{5}},$$

$$\cos 9^\circ = \frac{1}{4}\sqrt{3 + \sqrt{5}} + \frac{1}{4}\sqrt{5 - \sqrt{5}},$$

$$\sin 18^\circ = \frac{1}{4}\left(-1 + \sqrt{5}\right),$$

$$\cos 18^\circ = \frac{1}{4}\sqrt{10 + 2\sqrt{5}},$$

$$\sin 27^\circ = \frac{1}{4}\sqrt{5 + \sqrt{5}} - \frac{1}{4}\sqrt{3 - \sqrt{5}},$$

$$\cos 27^\circ = \frac{1}{4}\sqrt{5 + \sqrt{5}} + \frac{1}{4}\sqrt{3 - \sqrt{5}},$$

$$\sin 36^\circ = \frac{1}{4}\sqrt{10 - 2\sqrt{5}},$$

$$\cos 36^\circ = \frac{1}{4}\left(1 + \sqrt{5}\right),$$

$$\sin 45^\circ = \frac{1}{2}\sqrt{2},$$

$$\cos 45^\circ = \frac{1}{2}\sqrt{2}.$$

Ces formules, qui déterminent les sinus et les cosinus des arcs de 9° en 9°, par des extractions de racines carrées, permettent d'obtenir les résultats à telle approximation qu'on voudra. En comparant ces résultats aux valeurs trouvées dans le calcul des sinus et des cosinus de 10″ en 10″, on saura sur quel nombre de décimales on peut compter pour les valeurs intermédiaires.

Dans les applications numériques de la trigonométrie, on emploie ordinairement les logarithmes des sinus, tangentes, cosinus et cotangentes ; c'est pourquoi on a construit des Tables qui contiennent les logarithmes de ces quatre lignes trigonométriques pour les arcs de 10″ en 10″.

Nous ferons ici une remarque importante. Les sinus et les cosinus des arcs compris entre 0° et 90° sont moindres que l'unité, et il en est de même des tangentes des arcs inférieurs à 45°, et des cotangentes des arcs compris entre 45° et 90°; les logarithmes de ces lignes trigonométriques, plus petites que l'unité, sont négatifs. Pour éviter les caractéristiques négatives, on a, dans les Tables de *Callet*, ajouté 10 à tous les logarithmes négatifs. Par ce moyen, le logarithme d'un sinus ou d'un cosinus ne peut être négatif que pour des arcs très-peu différents de 0° ou de 90°. En effet, nommons α un arc tel, qu'en augmentant de 10 unités le logarithme de son sinus, le résultat soit encore négatif, de sorte que l'on ait $\log \sin \alpha + 10 < 0$. De cette inégalité, on tire

$$\log(\sin\alpha \times 10^{10}) < \log 1; \quad \sin\alpha < \frac{1}{10^{10}}.$$

Et d'autre part (n° 32, 2°)

$$\frac{\alpha}{\sin\alpha} < \frac{30^\circ}{\sin 30^\circ}, \quad \text{d'où} \quad \alpha < \frac{60^\circ}{10^{10}}.$$

En réduisant 60° en secondes, il vient

$$\alpha < \frac{1''}{40\,000}.$$

Disposition et usage des Tables trigonométriques de Callet.

36. Dans les Tables dont il s'agit, on a d'abord placé les logarithmes des *sinus* et *tangentes* des arcs de *seconde* en *seconde* pour les cinq premiers degrés du quadrant, et, par conséquent, les logarithmes des cosinus et cotangentes des arcs compris entre 90° et 85°. A la suite, on trouve les logarithmes des sinus, cosinus, tangentes et cotangentes, de 10″ en 10″, de 0° à 90°.

Les *degrés* sont marqués en haut et en bas de chaque page; les *minutes*, dans la première et la dernière colonne; les *secondes* dans la deuxième et l'avant-dernière.

Lorsque l'angle ou l'arc est moindre que 45°, on cherche le nombre de degrés à la partie supérieure des pages; les minutes et les dizaines de seconde dans les deux premières colonnes de gauche, en descendant. Si l'angle surpasse 45°, on prend le nombre de degrés au bas des pages; les minutes et les dizaines de seconde, dans les deux dernières colonnes de droite, en montant.

En suivant cette indication, on trouve immédiatement

$$\log\sin 23^\circ\,16'\,20'' = 9,5967072,$$
$$\log\cot 63^\circ\,42'\,30'' = 9,6937708.$$

Si l'angle donné renferme des secondes et fractions de seconde, il faut avoir recours aux *différences*, et opérer d'une manière semblable à celle indiquée pour les logarithmes des nombres. On admet alors que les différences des logarithmes des sinus, cosinus, etc., sont proportionnelles aux différences des arcs. Cette proportion n'est pas rigoureusement exacte, car, si elle était rigoureusement exacte, la différence de deux logarithmes consécutifs d'une ligne trigonométrique, inscrite dans la Table, serait invariable, puisque la différence de deux arcs consécutifs de la Table est constamment égale à 10″. Or, il en est tout autrement; car, en considérant, par exemple, les logarithmes des sinus, on voit dans la Table que leur différence est d'abord très-variable pour les arcs très-petits. Cette différence va en diminuant lorsque les arcs augmentent, et elle varie d'autant moins que les arcs approchent plus de 90°. C'est, au reste, ce qu'il est facile d'établir au moyen d'un calcul assez simple. En effet, désignons par $(a - 10'')$, a, et $(a + 10'')$ trois arcs consécutifs de la Table; et posons

$$\log \sin a - \log \sin (a - 10'') = d, \quad \log \sin (a + 10'') - \log \sin a = d'.$$

En retranchant ces égalités, membre à membre, il vient

$$d - d' = 2 \log \sin a - \log[\sin (a + 10'') \times \sin (a - 10'')],$$

et parce que

$$\sin (a + 10'') \times \sin (a - 10'') = \sin^2 a - \sin^2 10'',$$

on a

$$d - d' = \log \sin^2 a - \log (\sin^2 a - \sin^2 10'');$$

d'où

$$d - d' = \log \frac{\sin^2 a}{\sin^2 a - \sin^2 10''} = \log \left(1 + \frac{\sin^2 10''}{\sin^2 a - \sin^2 10''}\right).$$

On a donc $d - d' > 0$, ou $d > d'$. Ce qui montre que la différence d va en diminuant. En outre, $d - d'$ est d'autant moindre que l'arc a approche plus de 90°.

Mais, quand la différence tabulaire est peu variable, la proportion dont il s'agit donne, en général, une approximation suffisante.

Exemples. 1° Trouver le logarithme de sin 32° 25′ 36″, 4.

log sin 32° 25′ 30″		= 9,7293229	(Diff., pour 10″ : 331)
Pour	6″	198,6	
Pour	0″,4	13,24	
log sin 32° 25′ 36″, 4		= 9,7293441	

2° Trouver le logarithme de cos 57° 34′ 23″, 6.

log cos 57° 34′ 30″		= 9,7293229	(Diff., 331)
Pour	− 6″	198,6	
Pour	− 0″, 4	13,24	
log cos 57° 34′ 23″, 6		= 9,7293441	

3° Déterminer le logarithme de tang 26° 24′ 35″, 7.

log tang 26° 24′ 30″		= 9,6959941	(Diff., 529)
Pour	5″	264,5	
Pour	0″,7	37,03	
log tang 26° 24′ 35″, 7		= 9,6960243	

4° Déterminer le logarithme de cot 63° 35′ 24″, 3.

log cot 63° 35′ 30″	= 6,6959941	(Diff., 529)
Pour — 5″	264,5	
Pour — 0″,7	37,3	
log cot 63° 35′ 24″, 3	= 9,6960243	

37. Nous allons maintenant résoudre la question inverse. Supposons qu'on donne le logarithme d'un sinus, d'un cosinus, etc., et proposons-nous de trouver l'angle correspondant. Soit, par exemple,

$$\log \sin x = 9,7293441.$$

Dans la Table, parmi les logarithmes des sinus, plus petits que 9,7293441, le plus approchant est 9,7293229, qui correspond à 32° 25′ 30″.

L'excès du logarithme donné, sur celui de la Table, est 212, la différence tabulaire est 331 ; par conséquent, on divisera 212 par 331, en prenant les dixièmes du quotient pour des *secondes ;* cette division donne 6″, 4, qu'il faut ajouter à 32° 25′ 30″. Donc

$$x = 32° 25′ 36″, 4.$$

Le calcul peut être disposé ainsi :

log sin x =	9,7293441		
Pour	9,7293229	32° 25′ 30″	(Diff., 331)
1er reste suivi d'un zéro	2120	6″	
2e reste suivi d'un zéro	1340	0″, 4	
		x = 32° 25′ 36″, 4	

Prenons encore pour exemples :

log cos x =	9,7293441		
Pour	9,7263560	57° 34′ 20″	(Diff., 332)
1er reste suivi d'un zéro	1190	3″	
2e reste suivi d'un zéro	1940	0″, 6	
		x = 57° 34′ 23″, 6	

log tang x =	9,6960243		
Pour	9,6959941	26° 24′ 30″	(Diff., 529)
1er reste suivi d'un zéro	3020	5″	
2e reste suivi d'un zéro	5750	0″, 7	
		x = 26° 24′ 35″, 7	

log cot x =	9,6960243		
Pour	9,6960470	63° 35′ 20″	(Diff., 528)
1er reste suivi d'un zéro	2270	4″	
2e reste suivi d'un zéro	1580	0″, 3	
		x = 63° 35′ 24″, 3	

38. *Remarque.* Lorsque les différences qu'on trouve dans la Table sont très-variables, ce qui arrive, pour les sinus et les tangentes, quand l'arc

donné est très-petit, la proportion entre les différences des logarithmes et des arcs n'est plus admissible, pour déterminer, alors, les logarithmes du sinus et de la tangente, on admet que les arcs sont proportionnels à ces lignes trigonométriques.

Exemple. Soit proposé de trouver $\log\sin 0^\circ 2' 37'',8$.

On admettra que

$$\frac{\sin 0^\circ 2' 37'',8}{\sin 0^\circ 2' 37''} = \frac{0^\circ 2' 37'',8}{0^\circ 2' 37''} = \frac{1578}{1570},$$

en réduisant les deux arcs en dixièmes de seconde. D'où

$$\log\sin 0^\circ 2' 37'',8 = \log\sin 0^\circ 2' 37'' + \log 1578 - \log 1570.$$

Dans la partie de la Table qui contient les logarithmes des sinus et tangentes de seconde en seconde, on trouve

$$\log\sin 0^\circ 2' 37'' = 6,8814745;$$

d'ailleurs

$$\log 1578 = 3,1981070, \quad \log 1570 = 3,1958997;$$

il en résulte

$$\log\sin 0^\circ 2' 37'',8 = 6,8836818.$$

Le logarithme de la tangente s'obtiendrait par un calcul entièrement semblable.

Si l'on veut avoir le logarithme du cosinus ou de la cotangente d'un très-petit arc, on calculera comme ci-dessus le logarithme de son sinus et de sa tangente; on prendra le complément arithmétique du logarithme de la tangente : ce complément ajouté au logarithme du sinus trouvé déterminera le logarithme du cosinus cherché. Ce même complément ajouté à 10 fera connaître le logarithme de la cotangente. Ces deux règles se démontrent au moyen des formules

$$\cos\alpha = \frac{\sin\alpha}{\tan g\,\alpha}, \quad \cot\alpha = \frac{1}{\tan g\,\alpha},$$

en se rappelant que les logarithmes négatifs doivent être augmentés chacun de dix unités.

Il est facile de trouver le logarithme de la tangente d'un arc très-peu différent de 90°, puisque le calcul revient à trouver le logarithme de la cotangente d'un arc très-petit.

39. On détermine la valeur d'un arc très-petit, quand on connaît le logarithme de son sinus ou de sa tangente, en admettant que des arcs suffisamment petits sont entre eux comme leurs sinus et leurs tangentes (n° 38, *Remarque*).

CHAPITRE III.

RÉSOLUTION DES TRIANGLES RECTILIGNES.

Relations entre les côtés et les angles d'un triangle rectiligne.

Nous désignerons les angles d'un triangle par A, B, C, et les côtés opposés à ces angles, par a, b, c; et nous nommerons *lignes trigonométriques* d'un angle les lignes trigonométriques de l'arc compris entre les côtés de cet angle, et décrit de son sommet comme centre avec l'unité pour rayon.

40. THÉORÈME I. *Dans tout triangle rectangle, chaque côté de l'angle droit est égal à l'hypoténuse multipliée par le sinus de l'angle opposé à ce côté.*

Soit BAC (*fig.* 7) un triangle rectangle en A; du point C décrivons, avec l'unité pour rayon, l'arc de cercle DE, et abaissons du point D la perpendiculaire DP sur CA, le sinus de l'angle C sera DP, et son cosinus CP.

La similitude des triangles CDP, CBA, donne

$$\frac{\mathrm{BA}}{\mathrm{BC}} = \frac{\mathrm{DP}}{\mathrm{DC}} \quad \text{ou} \quad \frac{c}{a} = \frac{\sin \mathrm{C}}{1},$$

d'où

$$c = a \sin \mathrm{C};$$

ce qu'il fallait démontrer.

L'angle B étant le complément de C, on a $\sin \mathrm{C} = \cos \mathrm{B}$, et, par suite, $c = a \cos \mathrm{B}$. Donc,

Dans tout triangle rectangle, chaque côté de l'angle droit est égal à l'hypoténuse multipliée par le cosinus de l'angle aigu adjacent à ce côté.

41. THÉORÈME II. *Dans tout triangle rectangle, chaque côté de l'angle droit est égal à l'autre côté multiplié par la tangente de l'angle opposé au premier côté.*

Menons la tangente EG de l'arc ED (*fig.* 7); les triangles BAC, GEC étant semblables, on a

$$\frac{\mathrm{BA}}{\mathrm{AC}} = \frac{\mathrm{GE}}{\mathrm{CE}} \quad \text{ou} \quad \frac{c}{b} = \frac{\operatorname{tang} \mathrm{C}}{1}.$$

Donc

$$c = b \operatorname{tang} \mathrm{C}.$$

Remarque. Le théorème II peut se déduire du théorème I; car des égalités $c = a \sin \mathrm{C}$, $b = a \cos \mathrm{C}$ on tire $\frac{c}{b} = \operatorname{tang} \mathrm{C}$, ou $c = b \operatorname{tang} \mathrm{C}$.

42. Au moyen de ces deux principes, on peut traiter les différents cas de la résolution des triangles rectangles.

1° *Étant donnés l'hypoténuse a et un angle aigu* B, *trouver l'angle* C *et les côtés b, c.*

On a $C = 90° - B$; puis, d'après le théorème I,

$$b = a \sin B, \quad c = a \sin C;$$

d'où

$$\log b = \log a + \log \sin B \ (^*),$$
$$\log c = \log a + \log \sin C.$$

Les côtés b, c, étant obtenus directement, on a la vérification

$$b^2 + c^2 = a^2.$$

2° *Étant donnés l'hypoténuse a et un côté b de l'angle droit, trouver l'autre côté c et les angles* B, C.

D'après le théorème I, n° 40, on a

$$b = a \sin B; \quad \text{d'où} \quad \sin B = \frac{b}{a},$$

et

$$\log \sin B = \log b - \log a = \log b + C^t \log a - 10.$$

D'ailleurs $C = 90° - B$. Le côté c s'obtient par la relation

$$c = a \sin C; \quad \text{d'où} \quad \log c = \log a + \log \sin C.$$

Remarque sur le cas où le rapport $\frac{b}{a}$ d'un côté de l'angle droit à l'hypoténuse diffère peu de l'unité. Dans ce cas l'angle B est peu différent de 90°; en approchant de cette limite on voit dans les Tables que les logarithmes des sinus ont la même valeur jusqu'à la 7ième décimale pour plusieurs arcs différents, ce qui empêche de déterminer avec une approximation suffisante l'angle demandé. Il convient alors de calculer d'abord l'angle C, dont la valeur est très-petite. On sait qu'on a

$$\sin \frac{C}{2} = \sqrt{\frac{1 - \cos C}{2}} = \sqrt{\frac{a - b}{2a}},$$

en remplaçant $\cos C$ par sa valeur $\frac{b}{a}$. Au moyen de cette formule on calcule $\frac{C}{2}$, et on obtient, par suite, C et B.

3° *Étant donnés un côté b de l'angle droit et un des angles aigus* B, *déterminer* C, a, c.

On a immédiatement $C = 90° - B$; puis (théorème I):

$$b = a \sin B, \quad \text{d'où} \quad a = \frac{b}{\sin B};$$

(*) En appliquant cette formule et les suivantes à des exemples numériques, il faut avoir égard à ce que, dans les Tables de *Callet*, les logarithmes des sinus ont été augmentés de 10 unités.

et, d'après le théorème II,

$$c = b \operatorname{tang} C, \quad \text{ou} \quad c = b \cot B.$$

Appliquant les logarithmes, il vient

$$\log a = \log b + C^{t} \log \sin B - 10,$$
$$\log c = \log b + \log \cot B.$$

4° *Étant donnés les deux côtés de l'angle droit b, c, déterminer l'hypoténuse a et les angles* B, C.

L'angle B s'obtient d'abord par la formule

$$b = c \operatorname{tang} B,$$

d'où

$$\operatorname{tang} B = \frac{b}{c}.$$

On a ensuite

$$C = 90° - B, \quad \text{puis} \quad a = \frac{b}{\sin B};$$

et, par conséquent,

$$\log \operatorname{tang} B = \log b + C^{t} \log c - 10,$$
$$\log a = \log b + C^{t} \log \sin B - 10.$$

On pourrait, comme vérification des calculs qui précèdent, déterminer a par la formule $a = \sqrt{b^2 + c^2}$.

43. La résolution des triangles obliquangles repose sur les théorèmes suivants :

Théorème I. *Dans tout triangle rectiligne, les côtés sont entre eux comme les sinus des angles opposés.*

Soit ABC (*fig.* 8) un triangle quelconque. Abaissons du sommet A la perpendiculaire AD sur le côté opposé BC. Si la perpendiculaire tombe dans l'intérieur du triangle ABC, les triangles rectangles ADB, ADC, donneront (n° 40)

$$AD = c \sin B, \quad \text{et} \quad AD = b \sin C;$$

d'où

$$c \sin B = b \sin C,$$

et, par conséquent,

$$\frac{b}{c} = \frac{\sin B}{\sin C}.$$

Si la perpendiculaire est extérieure au triangle ABC (*fig.* 8), on aura

$$AD = c \sin ABD \quad \text{ou} \quad AD = c \sin B,$$

car l'angle B du triangle est le supplément de l'angle aigu ABD. D'ailleurs, $AD = b \sin C$; on trouve donc encore

$$\frac{b}{c} = \frac{\sin B}{\sin C}.$$

Ce théorème peut être démontré de la manière suivante :

Circonscrivons au triangle ABC (*fig.* 9) une circonférence; puis menons par le centre O le diamètre BOD et la corde DC. Le triangle rectangle BDC donne

$$BC = BD.\sin BDC;$$

ou, en désignant par r le rayon BO du cercle circonscrit :

$$a = 2r\sin A; \quad \text{d'où} \quad \frac{a}{\sin A} = 2r.$$

On a de même

$$\frac{b}{\sin B} = 2r, \quad \frac{c}{\sin C} = 2r;$$

donc

$$\frac{a}{\sin A} = \frac{b}{\sin B} = \frac{c}{\sin C}.$$

C'est ce qu'il fallait démontrer.

THÉORÈME II. *Dans tout triangle rectiligne, le carré d'un côté est égal à la somme des carrés des deux autres, moins le double produit de ces deux autres côtés par le cosinus de l'angle qu'ils comprennent.*

C'est-à-dire que

(1) $$a^2 = b^2 + c^2 - 2bc\cos A.$$

Soit ABC (*fig.* 10) le triangle considéré. Du sommet B abaissons BD perpendiculaire sur AC. Lorsque l'angle A sera aigu, on aura d'après un théorème de la géométrie élémentaire,

$$\overline{BC}^2 = \overline{AC}^2 + \overline{AB}^2 - 2AC.AD,$$

ou

$$a^2 = b^2 + c^2 - 2b \times AD.$$

Mais le triangle BAD étant rectangle

$$AD = c\cos A;$$

donc

(1) $$a^2 = b^2 + c^2 - 2bc\cos A.$$

Si l'angle A est obtus (*fig.* 11), on a

$$a^2 = b^2 + c^2 + 2b \times AD.$$

D'ailleurs, $AD = c\cos BAD$; l'angle BAD étant le supplément de l'angle A du triangle, $\cos BAD = -\cos A$; donc

(1) $$a^2 = b^2 + c^2 - 2bc\cos A.$$

Cette formule, appliquée successivement à chacun des trois côtés du triangle, donne les trois équations

(1) $$a^2 = b^2 + c^2 - 2bc\cos A,$$
(2) $$b^2 = a^2 + c^2 - 2ac\cos B,$$
(3) $$c^2 = a^2 + b^2 - 2ab\cos C,$$

au moyen desquelles on peut calculer trois des six parties du triangle, quand les trois autres seront connues, pourvu qu'il se trouve au moins u côté parmi les données.

Remarque. Les formules (1), (2), (3) peuvent être déduites des équations

$$(4)\qquad \frac{a}{\sin A}=\frac{b}{\sin B}=\frac{c}{\sin C},\quad \text{et}\quad A+B+C=180^\circ.$$

Pour obtenir, par exemple, la formule (1) $a^2=b^2+c^2-2bc\cos A$, i suffit d'éliminer les deux angles B, C, entre les trois équations (4).

De la relation $A+B+C=180^\circ$ on tire $\sin A\cos B+\sin B\cos A=\sin C$ et des proportions $\frac{a}{\sin A}=\frac{b}{\sin B}=\frac{c}{\sin C}$

$$\sin C=\frac{c\sin A}{a},\quad \sin B=\frac{b\sin A}{a},\quad \cos B=\frac{\pm\sqrt{a^2-b^2\sin^2 A}}{a}.$$

En remplaçant $\sin C$, $\sin B$, $\cos B$ par ces valeurs dans l'égalité

$$\sin A\cos B+\sin B\cos A=\sin C,$$

il vient

$$\frac{\pm\sin A\sqrt{a^2-b^2\sin^2 A}}{a}+\frac{b\sin A\cos A}{a}=\frac{c\sin A}{a};$$

d'où

$$\pm\sqrt{a^2-b^2\sin^2 A}=(c-b\cos A),$$
$$a^2-b^2\sin^2 A=c^2+b^2\cos^2 A-2bc\cos A,$$
$$a^2=b^2+c^2-2bc\cos A.$$

Inversement, en supposant que a, b, c soient des quantités positives et A, B, C des angles positifs moindres que 180°, les relations (4) pourront se déduire des équations (1), (2), (3).

L'égalité $\frac{a}{\sin A}=\frac{b}{\sin B}$ résulte de l'élimination de c entre les équations (1) et (2).

Car, en additionnant membre à membre ces deux équations, on a d'abord

$$c^2-c(a\cos B+b\cos A)=0,$$

ou, parce que c est supposé différent de zéro,

$$c=a\cos B+b\cos A.$$

Et, en retranchant les mêmes équations (1) et (2) l'une de l'autre, il vient

$$a^2-b^2=c(a\cos B-b\cos A).$$

Il en résulte

$$a^2-b^2=(a\cos B+b\cos A)(a\cos B-b\cos A)=a^2\cos^2 B-b^2\cos^2 A,$$

et, par suite,

$$a^2\sin^2 B=b^2\sin^2 A;$$

d'où, en observant que a, b, $\sin A$, $\sin B$ sont, par hypothèse, positifs :

$$a\sin B=b\sin A,\quad \frac{a}{\sin A}=\frac{b}{\sin B}.$$

Il est clair qu'on établira de même l'égalité $\frac{a}{\sin A} = \frac{c}{\sin C}$.

Les quantités a, b, c étant proportionnelles à $\sin A$, $\sin B$, $\sin C$, l'égalité

$$c = a \cos B + b \cos A$$

revient à

$$\sin C = \sin A \cos B + \sin B \cos A = \sin(A + B).$$

Semblablement, on aura

$$\sin B = \sin(A + C).$$

Par conséquent,

$$\sin B + \sin C = \sin(A + C) + \sin(A + B);$$

d'où

$$\sin\frac{B+C}{2} \cos\frac{B-C}{2} = \sin\left(A + \frac{B+C}{2}\right) \cos\frac{B-C}{2}.$$

Or, le cosinus de $\frac{B-C}{2}$ n'est pas nul, puisque les angles B et C sont supposés moindres que 180°, et positifs. On a donc

$$\sin\frac{B+C}{2} = \sin\left(A + \frac{B+C}{2}\right);$$

d'où

$$\sin\frac{B+C}{2} - \sin\left(A + \frac{B+C}{2}\right) = 0;$$

$$\cos\frac{A+B+C}{2} \sin\frac{A}{2} = 0;$$

$$\cos\frac{A+B+C}{2} = 0;$$

$$A + B + C = 180°;$$

en ayant égard aux hypothèses faites sur les valeurs des angles A, B, C, considérés.

Résolution des triangles obliquangles.

44. 1er CAS. *Étant donnés un côté a et deux angles* B, C *d'un triangle, déterminer les autres parties, et la surface du triangle.*

Quels que soient les deux angles donnés, le troisième s'obtient en retranchant de 180° la somme des deux premiers; puis on a, d'après le théorème I (n° 43),

$$\frac{b}{a} = \frac{\sin B}{\sin A}, \quad \frac{c}{a} = \frac{\sin C}{\sin A};$$

d'où

$$b = \frac{a \sin B}{\sin A}, \quad c = \frac{a \sin C}{\sin A},$$

expressions calculables par logarithmes.

En nommant S la surface du triangle ABC (*fig.* 8), on aura

$$S = \frac{1}{2} BC \times AD = \frac{1}{2} a \times AD = \frac{1}{2} ab \sin C,$$

puisque

$$AD = AC \sin C = b \sin C.$$

L'égalité

(1) $$S = \frac{1}{2} ab \sin C$$

montre que *l'aire d'un triangle est égale à la moitié du produit ab de deux de ses côtés, multiplié par le sinus de l'angle* C *de ces deux côtés.*

Si dans l'égalité (1) on remplace b par sa valeur $\frac{a \sin B}{\sin A}$, il viendra

(2) $$S = \frac{1}{2} a^2 \frac{\sin B \sin C}{\sin A} = \frac{1}{2} a^2 \frac{\sin B \sin C}{\sin (B + C)},$$

formule qui détermine l'aire d'un triangle en fonction d'un côté et des deux angles adjacents.

45. 2ᵉ CAS. *Étant donnés deux côtés b, a, et l'angle* A *opposé à l'un d'eux, trouver les deux autres angles* B, C, *et le troisième côté c.*

Cherchons d'abord l'angle B. On a (théorème I, n° 43)

$$\frac{\sin B}{\sin A} = \frac{b}{a};$$

d'où

(1) $$\sin B = \frac{b \sin A}{a}.$$

Puis,

(2) $$C = 180^\circ - (A + B);$$

et enfin,

(3) $$c = \frac{a \sin C}{\sin A}.$$

Discussion. L'équation (1) détermine la valeur de $\sin B$; et, en supposant $\frac{b \sin A}{a} < 1$, ou $\log b + \log \sin A - \log a < 10$, les Tables donneront pour B, un angle $B' < 90$. Le supplément de B', qui est $180^\circ - B'$, ou B'', aura le même sinus que B'; on trouvera donc deux angles B', B'', supplémentaires et correspondants à $\sin B$.

En remplaçant successivement B par B' et B'' dans (2), il en résultera

$$C' = 180^\circ - (A + B'), \quad C'' = 180^\circ - (A + B'').$$

Les valeurs de C devant être positives, il faut, pour que les angles B', B'', conviennent à la question, qu'on ait

$$A + B' < 180^\circ, \quad A + B'' < 180^\circ.$$

Si ces inégalités ont lieu, les sinus des angles C', C'', seront positifs; et l'équation (3) donnera, pour le côté c, les deux valeurs positives

$$c' = \frac{a \sin C'}{\sin A}, \quad c'' = \frac{a \sin C''}{\sin A}; \quad \text{ou} \quad c' = \frac{a \sin(A + B')}{\sin A}, \quad c'' = \frac{a \sin(A + B'')}{\sin A}.$$

Les seules conditions nécessaires sont donc

$$A + B' < 180°, \quad A + B'' < 180°.$$

Examinons dans quels cas ces conditions seront remplies :

1° Si l'angle donné A est obtus ou droit, on aura

$$A + B'' > 180°,$$

et, par conséquent, la valeur $B'' > 90°$ devra être rejetée. Pour que B' convienne, il faut et il suffit qu'on ait $A + B' < 180°$, ou $B' < 180° - A$. On en conclura, puisque B' et $180° - A$ sont des angles aigus,

$$\sin B' < \sin A, \quad \text{ou} \quad \frac{b \sin A}{a} < \sin A, \quad b < a.$$

Ainsi, lorsque l'angle donné A est obtus ou droit, la question ne peut admettre qu'une seule solution, et, pour qu'elle en admette une, il faut et il suffit que le côté opposé à l'angle donné soit plus grand que le côté adjacent à cet angle.

2° Si l'angle donné A est aigu, on aura

$$A + B' < 180°;$$

donc l'angle B' conviendra toujours. La condition $A + B'' < 180°$ revient à

$$A < 180° - B'', \quad \sin A < \sin B'', \quad \sin A < \frac{b \sin A}{a}, \quad a < b.$$

Pour qu'il y ait deux solutions, il faut donc que le côté opposé à l'angle aigu A soit moindre que le côté adjacent. Cette condition est d'ailleurs suffisante, en supposant toujours $\frac{b \sin A}{a} < 1$.

Lorsque $\frac{b \sin A}{a} = 1$, on a

$$B' = 90°, \quad B'' = 90°.$$

Les inégalités $A + B' < 180°$, $A + B'' < 180°$ se réduisent à $A < 90°$; l'angle donné doit être aigu, et on ne trouve qu'une seule solution.

La discussion géométrique du problème conduit aux mêmes résultats.

En effet, soient $DAE = A$ (*fig.* 12), et $AC = b$; les points A, C, seront deux des sommets du triangle demandé. Le troisième sommet sera situé à la rencontre de la droite AE et d'une circonférence décrite du centre C avec un rayon égal à a. Pour que ces deux lignes se rencontrent, il faut que le rayon a soit au moins égal à la perpendiculaire CF abaissée du point C sur la direction de AE. Or, le triangle rectangle CAF donne

$CF = b \sin A$; il faut donc que a soit au moins égal à $b \sin A$, ou, ce qui revient au même, $\frac{b \sin A}{a}$ ne doit pas être plus grand que l'unité.

En supposant $\frac{b \sin A}{a} < 1$, on aura

$$CF < a;$$

la circonférence coupera en deux points B', B'', la direction de la droite AE, prolongée, s'il est nécessaire, de l'autre côté du sommet A. Mais les points B', B'', ainsi obtenus, ne répondent à la question qu'autant qu'ils sont situés sur la droite AE elle-même, et non sur son prolongement. Ainsi, le nombre des solutions sera égal au nombre des points de rencontre situés sur la direction même de AE.

Cela admis, supposons que l'angle A soit obtus (*fig.* 13). Le point F sera situé sur le prolongement de EA; il en sera de même de B'', et, par conséquent, B'' ne conviendra pas à la question. Pour que B' convienne, il faut qu'on ait

$$FB' > FA; \quad \text{d'où} \quad CB' > CA, \quad \text{ou} \quad a > b.$$

Si l'angle donné A est droit, les points B' et B'', seront à égales distances de A. Les deux triangles CAB', CAB'', seront égaux entre eux. Il n'y aura qu'une seule solution lorsque $a > b$, et aucune si cette condition n'est pas remplie.

Si l'angle A est aigu (*fig.* 12), le point B' sera situé sur AE, et le triangle CAB' satisfera aux conditions du problème. Pour que le point B'' se trouve sur AE, il faudra qu'on ait $FB'' < FA$; par suite, $CB'' < AC$, ou $a < b$.

Enfin, lorsque $CF = a$, ou bien $\frac{b \sin A}{a} = 1$, la circonférence est tangente à la droite AE, suffisamment prolongée, au point F. Le problème admet une seule solution si l'angle A est aigu; il est impossible quand A est obtus ou droit.

46. Dans la solution précédente, on a d'abord déterminé les angles B, C; puis, le côté c a été obtenu au moyen des valeurs de ces angles. On peut trouver immédiatement la valeur du côté c en fonction des données a, b, A; car on a (*théorème II*, p. 45)

$$a^2 = b^2 + c^2 - 2bc \cos A, \quad \text{ou} \quad c^2 - 2bc \cos A = a^2 - b^2.$$

En résolvant cette dernière équation, on trouve

$$c = b \cos A \pm \sqrt{a^2 + b^2(\cos^2 A - 1)},$$

ou

$$c = b \cos A \pm \sqrt{a^2 - b^2 \sin^2 A}.$$

Les valeurs de c devant être réelles et positives, il faudra d'abord que a^2 soit au moins égal à $b^2 \sin^2 A$; ce qui conduit à la condition $\frac{b \sin A}{a} < 1$, ou $\frac{b\sin A}{a} = 1$. En supposant $\frac{b\sin A}{a} < 1$, les deux valeurs de c seront réelles et inégales. Il reste à examiner dans quels cas elles sont positives.

Lorsque $A > 90°$, le cosinus de A est négatif, et dans ce cas, le radical doit être pris seulement avec le signe $+$.

L'inégalité $b\cos A + \sqrt{a^2 - b^2\sin^2 A} > 0$ revient à

$$\sqrt{a^2 - b^2\sin^2 A} > -b\cos A, \quad a^2 - b^2\sin^2 A > b^2\cos^2 A,$$
$$a^2 > b^2, \quad a > b.$$

Si $A = 90°$, on aura

$$\cos A = 0, \quad \sin A = 1 \quad \text{et} \quad c = \sqrt{a^2 - b^2}; \quad \text{d'où} \quad a > b.$$

Si $A < 90°$, il en résulte $\cos A > 0$, et la valeur

$$b\cos A + \sqrt{a^2 - b^2\sin^2 A}$$

conviendra à la question. Pour que la seconde valeur

$$b\cos A - \sqrt{a^2 - b^2\sin^2 A}$$

convienne, il faudra qu'on ait

$$\sqrt{a^2 - b^2\sin^2 A} < b\cos A, \quad \text{ou} \quad a^2 - b^2\sin^2 A < b^2\cos^2 A;$$

d'où

$$a^2 < b^2(\sin^2 A + \cos^2 A),$$

$$a < b.$$

On retrouve donc les conditions déjà obtenues dans la première discussion du problème.

Pour appliquer les logarithmes à la formule

$$c = b\cos A \pm \sqrt{a^2 - b^2\sin^2 A},$$

il convient de réduire le second membre à un monôme (n° 26, p. 24).

Au moyen d'une transformation très-simple, on a d'abord

$$(1) \qquad c = b\cos A \pm a\sqrt{1 - \frac{b^2\sin^2 A}{a^2}}.$$

Le radical étant supposé réel, la quantité $\frac{b^2\sin^2 A}{a^2}$ ne surpasse pas l'unité; on pourra donc déterminer un angle auxiliaire φ dont la valeur soit telle que $\sin\varphi = \frac{b\sin A}{a}$. Il en résultera

$$\sqrt{1 - \frac{b^2\sin^2 A}{a^2}} = \sqrt{1 - \sin^2\varphi} = \cos\varphi.$$

D'ailleurs, l'égalité $\sin\varphi = \frac{b\sin A}{a}$ donne

$$b = \frac{a\sin\varphi}{\sin A}.$$

Remplaçant b et $\sqrt{1-\frac{b^2\sin^2 A}{a^2}}$ par leurs valeurs dans (1), il viendra

$$c = \frac{a\sin\varphi\cos A}{\sin A} \pm a\cos\varphi = \frac{a\sin\varphi\cos A \pm a\cos\varphi\sin A}{\sin A},$$

ou

$$(2) \qquad c = \frac{a\sin(\varphi \pm A)}{\sin A},$$

expression calculable par logarithmes.

Il est à observer que les valeurs de l'angle auxiliaire φ, moindres que 180°, déterminées par la relation $\sin\varphi = \frac{b\sin A}{a}$, sont précisément celles de l'angle B du triangle qu'il faut résoudre, puisque $\sin B = \frac{b\sin A}{a}$.

Les formules générales des valeurs de φ sont par conséquent

$$2n\pi + B' \quad \text{et} \quad 2n\pi + B''.$$

Mais, en substituant ces valeurs à φ dans l'équation (2), il n'en résulte pour l'inconnue c aucune valeur différente de celles qui proviennent des substitutions B', B'' à φ. En outre, les angles B', B'' étant supplémentaires,

$$\sin(B''-A) = \sin(B'+A) \quad \text{et} \quad \sin(B'-A) = \sin(B''+A);$$

on a donc

$$c = \frac{a\sin(B'+A)}{\sin A}, \qquad c = \frac{a\sin(B''+A)}{\sin A};$$

comme au n° 45, page 49.

47. La surface du triangle s'obtiendra, en fonction des données, en remplaçant, dans la formule connue $S = \frac{1}{2}bc\sin A$ (n° 44), le côté c par $b\cos A \pm \sqrt{a^2 - b^2\sin^2 A}$ (p. 50); on aura ainsi

$$S = \frac{1}{2}b\sin A\left(b\cos A \pm \sqrt{a^2 - b^2\sin^2 A}\right).$$

Les deux valeurs de S correspondent aux deux solutions que la question peut admettre.

48. 3e Cas. *Étant donnés deux côtés* a, b, *et l'angle compris* C, *trouver les deux angles* A, B, *et le troisième côté* c.

Nous supposons les côtés a, b inégaux, et $a > b$.

On a (*théorème I*, p. 44)

$$\frac{\sin A}{\sin B} = \frac{a}{b};$$

d'où

$$\frac{\sin A + \sin B}{\sin A - \sin B} = \frac{a+b}{a-b}.$$

Mais

$$\frac{\sin A + \sin B}{\sin A - \sin B} = \frac{\operatorname{tang} \frac{1}{2}(A+B)}{\operatorname{tang} \frac{1}{2}(A-B)} \text{ (n° 28, p. 26)};$$

donc

$$\frac{\operatorname{tang} \frac{1}{2}(A+B)}{\operatorname{tang} \frac{1}{2}(A-B)} = \frac{a+b}{a-b}.$$

Cette égalité détermine la tangente de la demi-différence des angles A, B; car, de l'égalité $A + B = 180° - C$, on déduit

$$\frac{A+B}{2} = 90° - \frac{C}{2} \quad \text{et} \quad \operatorname{tang} \frac{A+B}{2} = \cot \frac{C}{2};$$

donc

$$\operatorname{tang} \frac{A-B}{2} = \frac{(a-b) \cot \frac{C}{2}}{a+b}.$$

La valeur de $\frac{A-B}{2}$ se trouvant ainsi déterminée, on aura les angles A, B, au moyen de leur demi-somme et de leur demi-différence.

La valeur du troisième côté c peut ensuite s'obtenir au moyen de la formule $c = \frac{a \sin C}{\sin A}$, qui exige que l'on cherche trois nouveaux logarithmes, qui sont ceux de a, $\sin C$, $\sin A$.

En opérant comme nous allons l'indiquer, on aura seulement à chercher deux logarithmes.

La suite des rapports égaux $\frac{c}{\sin C} = \frac{a}{\sin A} = \frac{b}{\sin B}$ donne

$$\frac{c}{\sin C} = \frac{a+b}{\sin A + \sin B},$$

ou

$$c = \frac{(a+b)\sin C}{\sin A + \sin B};$$

mais

$$\sin C = 2\sin\frac{C}{2}\cos\frac{C}{2},$$

et

$$\sin A + \sin B = 2\sin\frac{A+B}{2}\cos\frac{A-B}{2} = 2\cos\frac{C}{2}\cos\frac{A-B}{2},$$

il en résulte

$$c = \frac{(a+b)\sin\frac{C}{2}}{\cos\frac{A-B}{2}},$$

expression qui contient $a+b$, dont le logarithme est déjà connu.

49. On peut aussi trouver le côté c directement, en fonction des données a, b, C; car

$$c^2 = a^2 + b^2 - 2ab\cos C,$$

d'où

$$c = \sqrt{a^2 + b^2 - 2ab\cos C}.$$

Pour appliquer les logarithmes à cette formule, remplaçons d'abord $\cos C$ par $1 - 2\sin^2\frac{C}{2}$, il viendra

$$c = \sqrt{a^2 + b^2 - 2ab\left(1 - 2\sin^2\frac{C}{2}\right)};$$

puis

$$c = \sqrt{(a-b)^2 + 4ab\sin^2\frac{C}{2}} = (a-b)\sqrt{1 + \frac{4ab\sin^2\frac{C}{2}}{(a-b)^2}}.$$

En nommant φ un angle auxiliaire tel que $\tang^2\varphi = \frac{4ab\sin^2\frac{C}{2}}{(a-b)^2}$, la valeur de c deviendra

$$c = (a-b)\sqrt{1 + \tang^2\varphi} = (a-b)\,\text{séc}\,\varphi = \frac{(a-b)}{\cos\varphi}.$$

On rend encore la formule $\sqrt{a^2 + b^2 - 2ab\cos C}$ calculable par logarithmes, de la manière suivante.

En multipliant $a^2 + b^2$ par la somme $\cos^2\frac{C}{2} + \sin^2\frac{C}{2}$, qui est égale à 1, et remplaçant $\cos C$ par sa valeur $\cos^2\frac{C}{2} - \sin^2\frac{C}{2}$, on obtient d'abord

$$c = \sqrt{(a^2+b^2)\left(\cos^2\frac{C}{2} + \sin^2\frac{C}{2}\right) - 2ab\left(\cos^2\frac{C}{2} - \sin^2\frac{C}{2}\right)},$$

ou

$$c = \sqrt{(a+b)^2 \sin^2 \frac{C}{2} + (a-b)^2 \cos^2 \frac{C}{2}},$$

ce qui revient à

$$c = (a+b) \sin \frac{C}{2} \sqrt{1 + \frac{(a-b)^2 \cot^2 \frac{C}{2}}{(a+b)^2}}.$$

Déterminons un angle auxiliaire φ, tel que

$$\operatorname{tang} \varphi = \frac{(a-b) \cot \frac{C}{2}}{(a+b)},$$

il en résultera

$$c = (a+b) \sin \frac{C}{2} \sqrt{1 + \operatorname{tang}^2 \varphi} = (a+b) \sin \frac{C}{2} \operatorname{séc} \varphi,$$

ou

$$c = \frac{(a+b) \sin \frac{C}{2}}{\cos \varphi}.$$

On aura ainsi, au moyen des Tables, l'angle φ et le côté c.

La surface du triangle est déterminée par la formule $S = \frac{1}{2} ab \sin C$ (n° **44**, p. 48).

50. 4ᵉ Cas. *Étant donnés les trois côtés a, b, c, trouver les trois angles* A, B, C.

Cherchons d'abord l'angle A; on a (*théorème II*, p. 45)

$$a^2 = b^2 + c^2 - 2bc \cos A; \quad \text{d'où} \quad \cos A = \frac{b^2 + c^2 - a^2}{2bc}.$$

L'expression $\frac{b^2 + c^2 - a^2}{2bc}$ n'est pas calculable par logarithmes; mais, en la retranchant de l'unité, on obtient la fraction $\frac{a^2 - (b-c)^2}{2bc}$ dont le numérateur se décompose en un produit $(a+c-b)(a+b-c)$ de deux facteurs du premier degré.

D'autre part, $1 - \cos A = 2 \sin^2 \frac{A}{1}$; donc

$$2 \sin^2 \frac{A}{2} = \frac{(a+c-b)(a+b-c)}{2bc},$$

d'où

$$\sin \frac{A}{2} = \sqrt{\frac{(a+c-b)(a+b-c)}{4bc}}.$$

En représentant par $2p$ le périmètre $a+b+c$ du triangle, on aura

$$a+c-b = 2(p-b), \quad a+b-c = 2(p-c),$$

et par suite

$$(1)\qquad \sin\frac{A}{2} = \sqrt{\frac{(p-b)(p-c)}{bc}}.$$

L'égalité (1) conduit à la règle suivante : *Pour obtenir le sinus de la moitié de l'un des trois angles d'un triangle, retranchez successivement du demi-périmètre chacun des deux côtés comprenant l'angle considéré; divisez, ensuite, le produit des deux restes par celui des deux côtés, et extrayez la racine carrée du quotient. Cette racine sera le sinus cherché.*

L'application de cette règle aux angles B, C donne

$$\sin\frac{B}{2} = \sqrt{\frac{(p-a)(p-c)}{ac}}, \quad \sin\frac{C}{2} = \sqrt{\frac{(p-a)(p-b)}{ab}}.$$

On peut obtenir, par un calcul semblable, le cosinus de $\frac{A}{2}$, car, en ajoutant l'unité aux deux membres de l'équation

$$\cos A = \frac{b^2+c^2-a^2}{2bc},$$

il vient

$$1+\cos A = \frac{b^2+c^2+2bc-a^2}{2bc} = \frac{(b+c)^2-a^2}{2bc};$$

d'où

$$2\cos^2\frac{A}{2} = \frac{(b+c+a)(b+c-a)}{2bc},$$

et, par conséquent,

$$\cos\frac{A}{2} = \sqrt{\frac{(b+c+a)(b+c-a)}{4bc}},$$

formule qui revient à

$$(2)\qquad \cos\frac{A}{2} = \sqrt{\frac{p(p-a)}{bc}},$$

puisque $b+c+a=2p$ et $b+c-a=2(p-a)$.

En divisant les égalités (1) et (2) l'une par l'autre, on obtient

$$(3)\qquad \operatorname{tang}\frac{A}{2} = \sqrt{\frac{(p-b)(p-c)}{p(p-a)}}.$$

Dans les formules

$$(1)\qquad \sin\frac{A}{2} = \sqrt{\frac{(p-b)(p-c)}{bc}},$$

$$(2)\qquad \cos\frac{A}{2} = \sqrt{\frac{p(p-a)}{bc}},$$

$$(3)\qquad \operatorname{tang}\frac{A}{2} = \sqrt{\frac{(p-b)(p-c)}{p(p-a)}},$$

il faut prendre le radical avec le signe +, puisque les lignes trigonométriques de l'angle aigu $\frac{A}{2}$ sont positives.

En appliquant les logarithmes à ces trois formules, on aura

$$\log \sin \frac{A}{2} = \frac{1}{2}[\log(p-b) + \log(p-c) + C^t \log b + C^t \log c],$$

$$\log \cos \frac{A}{2} = \frac{1}{2}[\log p + \log(p-a) + C^t \log b + C^t \log c],$$

$$\log \operatorname{tang} \frac{A}{2} = \frac{1}{2}[\log(p-b) + \log(p-c) + C^t \log p + C^t \log(p-a)].$$

La formule (3) est préférable aux deux autres en ce qu'elle n'exige que la recherche des logarithmes de p, $(p-a)$, $(p-b)$, $(p-c)$, pour déterminer les trois angles du triangle, tandis qu'en employant la formule (1), ou la formule (2), on aurait à prendre *six* logarithmes pour la première, et *sept* pour la seconde. Ajoutons que la formule (1) ne donne pas une approximation suffisante, lorsque l'angle $\frac{A}{2}$ diffère peu de $90°$ (*Remarque*, n° **42**), et qu'il en est de même de la formule (2) quand $\frac{A}{2}$ est peu différent de zéro.

Discussion. La valeur de $\sin \frac{A}{2} = \sqrt{\frac{(p-b)(p-c)}{bc}}$ devant être réelle et moindre que l'unité, il faut que l'expression $\frac{(p-b)(p-c)}{bc}$ soit positive et plus petite que l'unité. La première de ces conditions exige qu'on ait à la fois $p-b>0$, $p-c>0$, ou bien $p-b<0$, $p-c<0$. Mais ces deux dernières inégalités ne peuvent exister simultanément; car, en les additionnant, on trouve

$$2p-b-c<0, \quad \text{ou} \quad a<0.$$

Des inégalités $p-b>0$, $p-c>0$, on déduit $b<p$, $c<p$, ou $2b<a+b+c$, $2c<a+b+c$; ce qui donne

$$b<a+c, \quad c<a+b.$$

La seconde condition $\frac{(p-b)(p-c)}{bc}<1$ conduit à

$$(p-b)(p-c)<bc; \quad \text{d'où} \quad p^2-p(b+c)+bc<bc.$$

Supprimant le terme commun bc, et divisant par p, qui est positif, il vient

$$p-(b+c)<0,$$

par suite,

$$2p-2b-2c<0, \quad \text{ou} \quad a-b-c<0; \quad a<b+c.$$

On trouve la même condition $a<b+c$ par le calcul suivant.

Dans l'inégalité $(p-b)(p-c)<bc$, remplaçons p par sa valeur $\frac{a+b+c}{2}$, il en résultera

$$\frac{(a+c-b)(a+b-c)}{4}<bc;$$

d'où

$$a^2 - (c-b)^2 < 4bc, \quad a^2 < (c-b)^2 + 4bc, \quad a^2 < (c+b)^2, \quad a < b+c.$$

Considérons actuellement la formule

$$\cos\frac{A}{2} = \sqrt{\frac{p(p-a)}{bc}}.$$

Le cosinus de l'angle $\frac{A}{2}$ devant être réel et moindre que l'unité, il faut qu'on ait

$$\frac{p(p-a)}{bc} > 0 \quad \text{et} \quad < 1.$$

La première de ces inégalités donne immédiatement

$$a < p, \quad \text{d'où} \quad 2a < 2p, \quad a < b+c.$$

De la seconde on tire

$$p(p-a) < bc.$$

Remplaçant p par sa valeur $\frac{a+b+c}{2}$, il vient

$$\frac{(a+b+c)(b+c-a)}{4} < bc,$$

ou

$$(a+b+c)(b+c-a) < 4bc, \quad (b+c)^2 - a^2 < 4bc, \quad (b-c)^2 < a^2.$$

En supposant $b > c$, l'inégalité $(b-c)^2 < a^2$ revient à

$$b - c < a, \quad b < a + c.$$

On a d'ailleurs $c < b + a$, puisque $b > c$.

La discussion de la troisième formule

$$\tang\frac{A}{2} = \sqrt{\frac{(p-b)(p-c)}{p(p-a)}}$$

conduit aux mêmes conditions.

En effet, cette formule peut s'écrire

$$\tang\frac{A}{2} = \sqrt{\frac{(p-a)(p-b)(p-c)}{p(p-a)^2}}.$$

La tangente de l'angle $\frac{A}{2}$ devant être réelle, finie et différente de zéro, il faut qu'on ait $(p-a)(p-b)(p-c) > 0$. Or deux des facteurs $(p-a)$, $(p-b)$, $(p-c)$ ne peuvent être négatifs, car si l'on avait, par exemple, $(p-a) < 0$, $(p-b) < 0$, il en résulterait $2p - (a+b) < 0$, ou $c < 0$. De là, $p - a > 0$, $p - b > 0$, $p - c > 0$, et par conséquent

$$a < b + c, \quad b < a + c, \quad c < a + b.$$

Il résulte de cette discussion que le triangle n'est possible qu'autant que l'un quelconque des côtés est moindre que la somme des deux autres, et cette condition est suffisante.

51. L'aire d'un triangle dont on donne les côtés s'obtient en remplaçant dans la formule

$$s = \frac{1}{2} bc \sin A = bc \sin \frac{A}{2} \cos \frac{A}{2}$$

le sinus et le cosinus de l'angle $\frac{A}{2}$ par leurs valeurs $\sqrt{\frac{(p-b)(p-c)}{bc}}$, $\sqrt{\frac{p(p-a)}{bc}}$; il en résulte

$$(1) \qquad s = \sqrt{p(p-a)(p-b)(p-c)}.$$

Un calcul très-simple détermine aussi les valeurs des rayons R et r, des ercles circonscrit et inscrit au triangle.

En effet, on a (n° 43, p. 45) $\frac{a}{\sin A} = 2R$; d'où

$$(2) \quad R = \frac{a}{2\sin A} = \frac{abc}{2bc\sin A} = \frac{abc}{4s} = \frac{abc}{4\sqrt{p(p-a)(p-b)(p-c)}}.$$

On sait que $s = pr$; donc

$$(3) \quad r = \frac{s}{p} = \frac{\sqrt{p(p-a)(p-b)(p-c)}}{p} = \sqrt{\frac{(p-a)(p-b)(p-c)}{p}}.$$

Il est facile de reconnaître que, si r' représente le rayon du cercle xinscrit tangent aux prolongements des côtés b et c, on a $s = (p-a)r'$; s'ensuit

$$(4) \qquad r' = \frac{s}{p-a} = \sqrt{\frac{p(p-b)(p-c)}{(p-a)}}.$$

En nommant r'', r''' les rayons des deux autres cercles exinscrits, on ura de même $s = (p-b)r''$, $s = (p-c)r'''$, et, par conséquent,

$$(5) \qquad r'' = \sqrt{\frac{p(p-a)(p-c)}{(p-b)}},$$

$$(6) \qquad r''' = \sqrt{\frac{p(p-a)(p-b)}{(p-c)}}.$$

La multiplication membre à membre des quatre égalités

$$s = pr, \quad s = (p-a)r', \quad s = (p-b)r'', \quad s = (p-c)r'''$$

onne

$$s^4 = p(p-a)(p-b)(p-c)rr'r''r''' = s^2 rr'r''r''',$$

où

$$(7) \qquad s = \sqrt{rr'r''r'''},$$

formule qui détermine l'aire d'un triangle en fonction des rayons des quatre cercles tangents à ses côtés.

Enfin, des égalités

$$r' = \frac{s}{p-a}, \quad r'' = \frac{s}{p-b}, \quad r''' = \frac{s}{p-c},$$

on tire

$$\frac{1}{r'} = \frac{p-a}{s}, \quad \frac{1}{r''} = \frac{p-b}{s}, \quad \frac{1}{r'''} = \frac{p-c}{s},$$

et

$$\frac{1}{r'} + \frac{1}{r''} + \frac{1}{r'''} = \frac{p}{s} = \frac{1}{r};$$

c'est-à-dire que *la somme des inverses des rayons des trois cercles ex-inscrits à un triangle est égale à l'inverse du rayon du cercle inscrit.*

52. Les cas *principaux* de la résolution des triangles rectilignes sont ceux qui viennent d'être traités (n°s 44, 45, 48 et 50), où les *données* ont été prises parmi les *éléments* mêmes du triangle considéré. On conçoit qu'en prenant des *données* quelconques le nombre des questions à résoudre devient illimité. Nous en indiquerons ici quelques-unes dont les solutions s'obtiennent facilement.

53. *Résoudre un triangle connaissant son périmètre,* $2p$, *et ses angles* A, B, C.

Les égalités $\frac{a}{\sin A} = \frac{b}{\sin B} = \frac{c}{\sin C}$ donnent

$$\frac{a}{\sin A} = \frac{a+b+c}{\sin A + \sin B + \sin C} = \frac{2p}{\sin A + \sin B + \sin C}.$$

Mais

$$\sin A + \sin B + \sin C = 4 \cos\frac{A}{2} \cos\frac{B}{2} \cos\frac{C}{2} \text{ (n° 29, p. 27)},$$

et

$$\sin A = 2 \sin\frac{A}{2} \cos\frac{A}{2};$$

donc

$$\frac{a}{2 \sin\frac{A}{2} \cos\frac{A}{2}} = \frac{2p}{4 \cos\frac{A}{2} \cos\frac{B}{2} \cos\frac{C}{2}},$$

d'où

$$a = \frac{p \sin\frac{A}{2}}{\cos\frac{B}{2} \cos\frac{C}{2}}.$$

De même,

$$b = \frac{p \sin\frac{B}{2}}{\cos\frac{A}{2} \cos\frac{C}{2}}, \quad c = \frac{p \sin\frac{C}{2}}{\cos\frac{A}{2} \cos\frac{B}{2}}.$$

La formule $\frac{1}{2}\,bc\sin A$ de l'aire s d'un triangle devient

$$s = \frac{1}{2}\,\frac{p\sin\frac{B}{2}}{\cos\frac{A}{2}\cos\frac{C}{2}}\,\frac{p\sin\frac{C}{2}}{\cos\frac{A}{2}\cos\frac{B}{2}}\sin A.$$

En remplaçant $\sin A$ par $2\sin\frac{A}{2}\cos\frac{A}{2}$, on a

$$s = p^2\,\frac{\sin\frac{A}{2}\sin\frac{B}{2}\sin\frac{C}{2}}{\cos\frac{A}{2}\cos\frac{B}{2}\cos\frac{C}{2}} = p^2\,\text{tang}\frac{A}{2}\,\text{tang}\frac{B}{2}\,\text{tang}\frac{C}{2}.$$

Le rayon du cercle inscrit $r = \frac{s}{p} = p\,\text{tang}\frac{A}{2}\,\text{tang}\frac{B}{2}\,\text{tang}\frac{C}{2}$.

Et le rayon du cercle circonscrit $R = \frac{abc}{4s} = \frac{p}{4\cos\frac{A}{2}\cos\frac{B}{2}\cos\frac{C}{2}}$.

54. *Étant donnés les trois angles* A, B, C *d'un triangle, et le rayon* R *du cercle circonscrit, trouver les côtés* a, b, c *et la surface* s *de ce triangle.*

On a (n° 43, p. 45)

$$a = 2R\sin A;\quad b = 2R\sin B;\quad c = 2R\sin C;$$

et d'ailleurs

$$s = \frac{1}{2}\,ab\sin C = 2R^2\sin A\sin B\sin C.$$

Ces différentes valeurs sont évidemment calculables par logarithmes.

55. *Déterminer les côtés* a, b, c *et la surface* s *d'un triangle dont on donne les angles* A, B, C, *et le rayon* r *du cercle inscrit.*

Soient D, E, F (*fig.* 23) les points auxquels le cercle inscrit touche les côtés a, b, c du triangle. Les segments BD, DC du côté a ou BC auront, respectivement pour valeurs $r\cot\frac{1}{2}B$, $r\cot\frac{1}{2}C$; de sorte que

$$a = r\left(\cot\frac{1}{2}B + \cot\frac{1}{2}C\right) = r\,\frac{\sin\frac{1}{2}(B+C)}{\sin\frac{1}{2}B\sin\frac{1}{2}C} = \frac{r\cos\frac{A}{2}}{\sin\frac{1}{2}B\sin\frac{1}{2}C}.$$

De même

$$b = \frac{r\cos\frac{B}{2}}{\sin\frac{1}{2}A\sin\frac{1}{2}C},\quad \text{et}\quad c = \frac{r\cos\frac{C}{2}}{\sin\frac{1}{2}A\sin\frac{1}{2}B}.$$

Et, en remplaçant b, c par ces expressions, dans la formule

$$s = \frac{1}{2} bc \sin A = bc \sin\frac{1}{2} A \cos\frac{1}{2} A,$$

il vient

$$s = r^2 \frac{\cos\frac{1}{2} A \cos\frac{1}{2} B \cos\frac{1}{2} C}{\sin\frac{1}{2} A \sin\frac{1}{2} B \sin\frac{1}{2} C} = r^2 \cot\frac{1}{2} A \cot\frac{1}{2} B \cot\frac{1}{2} C.$$

56. *Résoudre un triangle, connaissant l'un des côtés a, l'angle A qui lui est opposé, et la somme, $b+c$, des deux autres côtés du triangle.*

Des égalités $\frac{a}{\sin A} = \frac{b}{\sin B} = \frac{c}{\sin C}$, on tire

$$\frac{a}{\sin A} = \frac{b+c}{\sin B + \sin C}; \qquad \frac{a}{2\sin\frac{A}{2}\cos\frac{A}{2}} = \frac{(b+c)}{2\sin\frac{B+C}{2}\cos\frac{B-C}{2}},$$

ou, en observant que $\sin\frac{B+C}{2} = \cos\frac{A}{2}$:

$$\frac{a}{\sin\frac{A}{2}} = \frac{b+c}{\cos\frac{B-C}{2}};$$

$$\cos\frac{B-C}{2} = \frac{(b+c)\sin\frac{A}{2}}{a}.$$

On voit par cette dernière équation que la question proposée ne peut admettre une solution réelle qu'autant que $\frac{(b+c)\sin\frac{A}{2}}{a}$ ne surpasse pas l'unité.

Lorsque cette condition sera remplie, les Tables feront connaître la valeur α de l'angle $\frac{B-C}{2}$, et comme $\frac{B+C}{2} = 90° - \frac{A}{2}$, il en résultera

$$B = 90° - \frac{A}{2} + \alpha, \quad \text{et} \quad C = 90° - \frac{A}{2} - \alpha.$$

La quantité $90° - \frac{A}{2} + \alpha$ est positive, parce que l'angle donné A est supposé moindre que 180°.

Quant à la valeur $90° - \frac{A}{2} - \alpha$, pour qu'elle soit positive il est nécessaire qu'on ait $90° - \frac{A}{2} > \alpha$; d'où

$$\cos\left(90° - \frac{A}{2}\right) < \cos\alpha; \quad \sin\frac{A}{2} < \frac{(b+c)\sin\frac{A}{2}}{a}; \quad a < b+c.$$

Il y a donc deux conditions pour que la question proposée admette une solution réelle : il faut que le côté a soit moindre que la somme donnée $(b+c)$, et au moins égal au produit de cette somme par le sinus de la moitié de l'angle A.

Les angles de B, C étant déterminés, les relations

$$b = \frac{a \sin B}{\sin A}, \quad c = \frac{a \sin C}{\sin A},$$

donneront les côtés b, c.

Au reste, les valeurs de ces côtés peuvent être obtenues directement par le calcul suivant, dans lequel nous nommons m la somme donnée $(b+c)$, et $2p$ le périmètre du triangle, qui est égal à $(m+a)$.

On a, pour déterminer les inconnues b, c les deux équations

$$b + c = m, \quad \cos^2 \frac{A}{2} = \frac{p(p-a)}{bc}.$$

Cette dernière, qui peut s'écrire ainsi :

$$bc = \frac{p(p-a)}{\cos^2 \frac{A}{2}},$$

fait connaître la valeur du produit bc, par une formule à laquelle les logarithmes s'appliquent sans difficulté. Si n représente cette valeur, les inconnues b et c seront les racines de l'équation du second degré

$$x^2 - mx + n = 0,$$

et on a vu (n° 27, p. 25) comment l'équation du second degré se résout au moyen des Tables.

57. *On donne la base, a, d'un triangle, l'angle* A *opposé à la base, et la hauteur h, correspondante ; trouver les côtés b, c, et les angles* B, C.

Le double de l'aire du triangle étant représenté par chacun des produits $bc \sin A$, et ah, on a

(1) $bc \sin A = ah$, et d'autre part (2) $b^2 + c^2 - 2bc \cos A = a^2$.

Les valeurs de la somme $b+c$, et de la différence $b-c$, des côtés b, c, se déduisent facilement de ces deux équations.

En effet, de l'équation (2) on déduit les deux équations suivantes :

(3) $(b+c)^2 = a^2 + 4bc \cos^2 \frac{A}{2}$, (4) $(b-c)^2 = a^2 - 4bc \sin^2 \frac{A}{2}$;

et en remplaçant bc par sa valeur $\frac{ah}{\sin A}$ tirée de l'équation (1), il vient

(5) $(b+c)^2 = a^2 + 2ah \cot \frac{A}{2}$, (6) $(b-c)^2 = a^2 - 2ah \operatorname{tang} \frac{A}{2}$.

Pour que la question admette une solution réelle, il faut que la quantité

$a^2 - 2ah \operatorname{tang} \frac{A}{2}$ ne soit pas négative, ce qui revient à dire que la hauteur h ne doit pas surpasser $\frac{a}{2} \cot \frac{A}{2}$.

Cette condition est suffisante.

Les seconds membres des équations (5) et (6) peuvent s'écrire

$$a^2\left(1 + \frac{2h \cot \frac{A}{2}}{a}\right), \quad a^2\left(1 - \frac{2h \operatorname{tang} \frac{A}{2}}{a}\right);$$

et, en nommant α, β des angles auxiliaires tels qu'on ait

$$\operatorname{tang}^2 \alpha = \frac{2h \cot \frac{A}{2}}{a}, \quad \sin^2 \beta = \frac{2h \operatorname{tang} \frac{A}{2}}{a},$$

les équations (5) et (6) deviennent

$$(b + c)^2 = a^2 \operatorname{séc}^2 \alpha, \quad (b - c)^2 = a^2 \cos^2 \beta;$$

ou bien, en extrayant les racines,

$$(b + c) = a \operatorname{séc} \alpha, \quad (b - c) = a \cos \beta.$$

On aura donc les valeurs de $b + c$ et $(b - c)$; et par suite, celles des côtés b, c.

Les angles B, C s'obtiendront au moyen des égalités

$$\frac{B + C}{2} = 90^\circ - \frac{A}{2}, \quad \operatorname{tang} \frac{B - C}{2} = \frac{b - c}{b + c} \cot \frac{A}{2}.$$

58. *Déterminer les côtés a, b, c d'un triangle dont on donne la surface s et les angles* A, B, C.

En multipliant membre à membre les deux équations $ab \sin C = 2s$, $\frac{a}{b} = \frac{\sin A}{\sin B}$, on a

$$a^2 \sin C = \frac{2s \sin A}{\sin B},$$

et par conséquent

$$a^2 = \frac{2s \sin A}{\sin B \sin C}; \quad a = \sqrt{\frac{2s \sin A}{\sin B \sin C}}.$$

De même

$$b = \sqrt{\frac{2s \sin B}{\sin A \sin C}}, \quad c = \sqrt{\frac{2s \sin C}{\sin A \sin B}}.$$

Les valeurs des rayons R et r des cercles circonscrit et inscrit au triangle sont respectivement déterminées par les égalités

$$R = \sqrt{\frac{s}{2 \sin A \sin B \sin C}},$$

et

$$r = \sqrt{s \tang \frac{1}{2} A \tang \frac{1}{2} B \tang \frac{1}{2} C} \text{ (n}^{\text{os}} \text{ 54 et 55).}$$

59. *Trouver les côtés a, b, c, les angles A, B, C, et la surface s d'un triangle dont on donne les trois hauteurs h, h', h''.*

Les égalités

$$ah = 2s, \quad bh' = 2s, \quad ch'' = 2s, \quad \text{ou} \quad a = \frac{1}{h} 2s, \quad b = \frac{1}{h'} 2s, \quad c = \frac{1}{h''} 2s,$$

montrent que les côtés a, b, c sont proportionnels aux inverses $\frac{1}{h}$, $\frac{1}{h'}$, $\frac{1}{h''}$ des hauteurs; on voit, d'ailleurs, que les seconds membres des égalités

$$\sin \frac{A}{2} = \sqrt{\frac{(p-b)(p-c)}{bc}}, \quad \cos \frac{A}{2} = \sqrt{\frac{p(p-a)}{bc}},$$

$$\tang \frac{A}{2} = \sqrt{\frac{(p-b)(p-c)}{p(p-a)}}$$

conservent les mêmes valeurs lorsqu'on y remplace a, b, c, p, $(p-a)$, $(p-b)$, $(p-c)$ par des quantités proportionnelles; donc, en posant

$$\frac{1}{h} = a', \quad \frac{1}{h'} = b', \quad \frac{1}{h''} = c', \quad \frac{1}{h} + \frac{1}{h'} + \frac{1}{h''} = 2p',$$

on aura

$$(1) \qquad \sin \frac{A}{2} = \sqrt{\frac{(p'-b')(p'-c')}{b'c'}}, \quad \cos \frac{A}{2} = \sqrt{\frac{p'(p'-a')}{b'c'}},$$

$$\tang \frac{A}{2} = \sqrt{\frac{(p'-b')(p'-c')}{p'(p'-a')}}.$$

L'une quelconque de ces trois formules détermine l'angle A; les deux autres angles B, C s'obtiennent au moyen de formules analogues.

Pour trouver le côté a on remarquera que

$$h' = a \sin C = 2a \sin \frac{C}{2} \cos \frac{C}{2} = 2a \frac{\sqrt{p'(p'-a')(p'-b')(p'-c')}}{a'b'},$$

d'où

$$a = \frac{a'}{2\sqrt{p'(p'-a')(p'-b')(p'-c')}} = \frac{a'}{2s'};$$

en représentant $\sqrt{p'(p'-a')(p'-b')(p'-c')}$ par s'.

De même

$$b = \frac{b'}{2s'}, \quad c = \frac{c'}{2s'}.$$

La surface s égale

$$\frac{1}{2} ah = \frac{1}{2} \frac{a'}{2s'} \frac{1}{a'} = \frac{1}{4s'}.$$

Il est facile, d'après ce qui précède, d'exprimer en fonction des hauteurs les rayons R et r des cercles circonscrit et inscrit au triangle. En effet, la formule $R = \frac{abc}{4s}$ (n° 51, page 59) donne, en remplaçant a, b, c, s par leurs valeurs,

$$R = \frac{a'b'c'}{(2s')^3} : \frac{1}{s'} = \frac{a'b'c'}{8s'^2}.$$

On a

$$r = \frac{s}{p}, \quad \text{et} \quad p = \frac{a+b+c}{2} = \frac{a'+b'+c'}{4s'} = \frac{p'}{2s'};$$

donc

$$r = \frac{1}{4s'} : \frac{p'}{2s'} = \frac{1}{2p'}.$$

Remarque. L'égalité $r = \frac{1}{2p'}$ revient à $\frac{1}{r} = 2p' = \frac{1}{h} + \frac{1}{h'} + \frac{1}{h''}$; c'est dire que *l'inverse du rayon du cercle inscrit dans un triangle est égal à la somme des inverses des trois hauteurs du triangle.*

60 *Déterminer les diagonales et la surface d'un quadrilatère inscriptible, dont on donne les quatre côtés.*

Soit ABCD (*fig.* 25) un quadrilatère inscriptible au cercle. Nommons a, b, c, d, les côtés DA, AB, BC, CD, et A l'angle BAD, on aura

$$(1) \qquad \overline{BD}^2 = a^2 + b^2 - 2ab\cos A.$$

L'angle BCD étant le supplément de A, on a aussi

$$(2) \qquad \overline{BD}^2 = c^2 + d^2 + 2cd\cos A;$$

d'où

$$a^2 + b^2 - 2ab\cos A = c^2 + d^2 + 2cd\cos A,$$

et, par suite,

$$(3) \qquad \cos A = \frac{a^2 + b^2 - c^2 - d^2}{2(ab + cd)}.$$

Portant cette valeur de $\cos A$ dans l'égalité (1), on trouve

$$\overline{BD}^2 = \frac{cd(a^2 + b^2) + ab(c^2 + d^2)}{ab + cd} = \frac{(ac + bd)(ad + bc)}{ab + cd},$$

ou

$$(4) \qquad BD = \sqrt{\frac{(ac + bd)(ad + bc)}{ab + cd}}.$$

On a de même

$$(5) \qquad AC = \sqrt{\frac{(ac + bd)(ab + cd)}{ad + bc}}.$$

Les égalités (4) et (5) donnent les diagonales du quadrilatère inscriptible, en fonction des quatre côtés.

Des relations (4) et (5), on déduit immédiatement

$$BD \times AC = ac + bd,$$

et

$$\frac{BD}{AC} = \frac{ad + bc}{ab + cd}.$$

Donc, *dans tout quadrilatère inscrit,* 1° *le rectangle des diagonales est égal à la somme des rectangles des côtés opposés;* et, 2° *les diagonales sont entre elles comme les sommes des rectangles des côtés qui aboutissent à leurs extrémités.*

Cherchons maintenant la surface du quadrilatère.

D'après une proposition connue (n° **44**, page 48) :

$$BAD = \frac{1}{2} ab \sin A, \quad BCD = \frac{1}{2} cd \sin A;$$

par conséquent

$$(6) \qquad ABCD = \frac{1}{2}(ab + cd) \sin A.$$

Il ne reste plus qu'à trouver la valeur de sinus A.

Or, l'égalité $\cos A = \dfrac{a^2 + b^2 - c^2 - d^2}{2(ab + cd)}$ donne successivement :

$$\begin{aligned}
\sin A &= \frac{\sqrt{4(ab + cd)^2 - (a^2 + b^2 - c^2 - d^2)^2}}{2(ab + cd)} \\
&= \frac{\sqrt{(2ab + 2cd + a^2 + b^2 - c^2 - d^2)(2ab + 2cd + c^2 + d^2 - a^2 - b^2)}}{2(ab + cd)} \\
&= \frac{\sqrt{[(a + b)^2 - (c - d)^2][(c + d)^2 - (a - b)^2]}}{2(ab + cd)} \\
&= \frac{\sqrt{(a + b + c - d)(a + b + d - c)(c + d + a - b)(c + d + b - a)}}{2(ab + cd)}.
\end{aligned}$$

En remplaçant sin A par cette dernière valeur, dans l'égalité (6), il vient

$$ABCD = \frac{\sqrt{(a + b + c - d)(a + b + d - c)(c + d + a - b)(c + d + b - a)}}{4}.$$

Si l'on pose $a + b + c + d = 2p$, il en résultera

$$a + b + c - d = 2(p - d), \quad a + b + d - c = 2(p - c),$$
$$c + d + a - b = 2(p - b), \quad c + d + b - a = 2(p - a),$$

et, par suite,

$$(7) \qquad ABCD = \sqrt{(p - a)(p - b)(p - c)(p - d)}.$$

Lorsque $d = 0$, le quadrilatère se réduit au triangle dont les trois côtés sont a, b, c, et l'on retrouve la formule connue

$$s = \sqrt{p(p-a)(p-b)(p-c)}.$$

Application de la Trigonométrie à quelques questions pratiques (*).

61. Avant d'entrer en matière sur les principales applications de la Trigonométrie, nous allons donner la description et faire connaître l'usage de quelques instruments indispensables dans la pratique.

Les opérations de la Trigonométrie exigent que l'on sache se procurer deux éléments : 1° la direction et la mesure de la distance de deux points donnés; 2° la mesure des angles formés par des droites qui joignent des points donnés.

DES JALONS ET DE LA CHAÎNE MÉTRIQUE.

Pour se procurer la direction de la ligne droite que l'on conçoit menée par deux points dont on veut mesurer la distance, on se sert de *jalons*, ou pièces de bois de forme ordinairement prismatique, terminées par une pointe en fer que l'on enfonce en terre. Ensuite, pour tracer la direction, il faut être au moins deux personnes : l'une se place de manière que son œil soit dans le plan vertical passant par les deux points donnés A et B (*fig.* 14); la seconde plante, de distance en distance, entre les signaux A, B, des jalons C, C, C,..., de manière qu'ils se trouvent dans le plan vertical passant par l'œil de l'observateur D, et les objets A et B. La direction ainsi obtenue se nomme *alignement*.

Pour mesurer la distance AB, on se sert ordinairement de la chaîne métrique (*fig.* 15), dont la longueur est de 10 mètres. Elle se compose de chaînons rectilignes de 2 décimètres de longueur. Chaque mètre contient cinq chaînons et se trouve marqué par un anneau en cuivre. Au milieu de la chaîne, on remarque une petite pièce de fer, qui indique une distance de 5 mètres. Comme il est impossible de tendre rigoureusement une chaîne en ligne droite, on donne à peu près à celle-ci $0^m,02$ de plus que 10 mètres. Cette unité de longueur prend encore le nom de *décamètre*.

Deux hommes marchent, avec la chaîne tendue, dans la direction de l'alignement, à partir de A jusqu'en B. Celui qui est en avant porte dix *fiches* en fer, qu'il plante en terre les unes après les autres, chaque fois que la chaîne est tendue, et que ses extrémités sont dans une ligne horizontale, quels que soient d'ailleurs les accidents du terrain. Ensuite, le chaîneur, qui vient après, enlève ces fiches au fur et à mesure; et autant il en a dans la main au bout de l'opération, autant il y a eu de fois 10 mè-

---

(*) Cet article est extrait du *Cours de Mathématiques* de MM. Reynaud et Nicollet.

tres de parcourus. La ligne ainsi mesurée sur le terrain prend le nom de *base*.

Une règle en bois, de la longueur du double mètre, remplace avantageusement la chaîne quand on doit mesurer de petites distances, ou qu'on opère dans des lieux peu étendus.

Nous ferons observer que la mesure des bases est de la plus grande importance dans les opérations trigonométriques; on ne saurait y apporter trop de soin. Pour plus d'exactitude, on répète plusieurs fois la mesure; on fait ensuite la somme des résultats obtenus, on la divise par le nombre des opérations, et l'on a pour la base une valeur moyenne aussi exacte que possible.

DES INSTRUMENTS PROPRES A MESURER LES ANGLES.

Les principaux instruments que l'on emploie pour mesurer les distances angulaires sont le *graphomètre*, la *boussole*, le *cercle répétiteur*, le *théodolite*, le *sectant* et le *cercle de réflexion*.

Nous ne donnerons que la description du graphomètre. Le théodolite et le cercle répétiteur appartiennent plus particulièrement à la géodésie; la boussole, le sectant et le cercle de réflexion s'emploient à la mer, et sont décrits dans les Traités de Navigation.

DU GRAPHOMÈTRE.

Le graphomètre ordinaire se compose d'un limbe ou demi-cercle en cuivre ACB (*fig.* 16), divisé en 180° et subdivisé en demi-degrés. Le diamètre AB fait corps avec le limbe; mais le diamètre CD, que l'on nomme *alidade mobile*, n'y est assujetti que par le centre O, autour duquel il peut tourner, et parcourir par son extrémité C toutes les divisions du limbe. Aux extrémités A et B, C et D de l'alidade fixe et de l'alidade mobile, s'élèvent de petites plaques P, Q et P', Q', perpendiculaires au plan de l'instrument. Leur forme est rectangulaire; elles sont percées de croisées rectangulaires et de fentes dont la direction partage les ouvertures en deux parties égales. Au milieu de chaque croisée se trouve un fil qui forme le prolongement de chaque fente; ces pièces se nomment *pinnules*. L'alidade mobile porte un *nonius* ou *vernier* I, au moyen duquel on obtient, à une minute près, la grandeur des angles. L'instrument se fixe sur un pied RRR, au moyen d'une douille K que l'on serre avec la vis de pression *v*. Le plan du limbe peut être incliné dans toutes les positions autour de son centre O, en serrant ou desserrant à volonté la vis de pression *u*.

Pour mesurer, au moyen de cet instrument, l'angle formé par deux lignes droites qui joindraient un point de la station H à deux autres signaux E, F, on dispose d'abord l'instrument de manière que le centre du limbe corresponde verticalement au point de station, et que son plan passe par les trois points H, E, F. L'observateur, plaçant son œil à une des fentes P de l'alidade fixe, fait tourner le plan du limbe jusqu'à ce que le rayon visuel PQ passe par le point F ; il serre la vis u, pour maintenir le limbe dans cette position. Il fait ensuite tourner l'alidade DC jusqu'à ce qu'il aperçoive l'objet E couvert par le fil de la pinnule C. L'arc compris entre le zéro de la division du limbe et celui du vernier donne la mesure de l'angle EOF que l'on voulait obtenir.

Le graphomètre à pinnules, que nous venons de décrire, ne peut s'employer avec succès que dans des opérations trigonométriques peu importantes. Lorsque les distances des objets sont considérables, l'épaisseur des fils nuit à l'exactitude des observations, en rendant la direction des rayons visuels incertaine ; souvent même les fils cachent les signaux en totalité, quand leur distance dépasse une certaine limite.

On substitue avec avantage à cet instrument le graphomètre à lunettes, dont la description, d'après ce que nous venons de dire, sera facile à entendre.

DU GRAPHOMÈTRE A LUNETTES.

Cet instrument (*fig.* 17) se compose d'un demi-cercle ou d'un cercle entier auquel sont fixées une lunette supérieure et une lunette inférieure. La lunette inférieure est soutenue par une chape dans laquelle elle se meut perpendiculairement au plan du limbe. Le limbe, en tournant autour de son centre, entraîne avec lui les deux lunettes. La lunette supérieure peut se mouvoir indépendamment du limbe ; elle est munie d'une vis de pression qui permet, en la desserrant, de lui donner un mouvement rapide ; une vis de rappel sert à lui donner un mouvement lent.

Lorsqu'on veut observer un angle, on commence par placer l'instrument de manière que son centre se trouve avec le point de station sur une même verticale, et que les objets soient à peu près situés dans le plan du limbe. On fait tourner l'instrument jusqu'à ce que l'on aperçoive l'un des objets dans le champ de la lunette inférieure ; on serre alors la vis de pression pour faire mouvoir la vis de rappel, et ramener l'objet observé en contact avec la croisée des fils qui se voient dans l'intérieur de la lunette ; on fait ensuite tourner l'alidade qui supporte la lunette supérieure, d'abord par un mouvement prompt, et quand le signal observé est dans le champ de la lunette, on serre la vis de pression pour achever ensuite, au moyen de la vis de rappel, de ramener l'objet sur la croisée des fils : il ne reste plus qu'à lire le nombre de degrés et minutes compris entre le zéro du limbe et le zéro du vernier de la lunette, et l'on a la valeur de l'angle observé. Pour plus d'exactitude, on répète plusieurs fois la mesure d'un même angle (*).

(*) Nous renvoyons, pour plus de développement, à l'ouvrage intitulé : *Leçons nouvelles sur les Applications pratiques de la Géométrie et de la Trigonométrie*, par MM. Ch. Bourgeois et Cabart, anciens élèves de l'École Polytechnique. (Chez Gauthier-Villars, libraire.)

62. Nous allons maintenant donner quelques exemples de calcul.

Déterminer la hauteur d'un édifice. — Supposons d'abord que le pied de l'édifice soit accessible et que le terrain soit à peu près de niveau. S'il s'agit d'une tour, par exemple, pour mesurer sa hauteur AB (*fig.* 18), on se transportera à une certaine distance de son pied, en un point E, où l'on placera un graphomètre. On dirigera un rayon visuel horizontalement vers l'axe de la tour, et l'autre vers le sommet A. Pour cela, on placera le limbe verticalement, en se servant d'un fil à plomb qui devra s'appliquer dans le plan de l'instrument. On placera ensuite l'alidade fixe horizontalement, ce qui exige que le fil à plomb réponde à 90° de la division du limbe. L'alidade mobile étant placée suivant AD, on lira l'angle CDA, on chaînera ensuite la distance BE = CD. On connaîtra alors, dans le triangle rectangle ACD, l'angle ADC et le côté CD de l'angle droit : on pourra donc calculer le côté AC, ou l'élévation du sommet de la tour au-dessus du plan horizontal qui passe par le centre du graphomètre, au moyen de l'égalité CA = CD tang ADC, et le problème sera résolu.

Exemple. CD = 13^{m}, l'angle observé CDA = 43° 17′.

On aura

$$\log 13 = 1,1139433$$
$$\log \operatorname{tang} 43^\circ 17' = 9,9739602$$
$$\text{Somme} - 10 = 1,0879035 = \log CA$$
$$\text{Hauteur } CA = 12^{m},24.$$

Si la tour était inaccessible, il faudrait tracer un alignement KAB (*fig.* 19) passant par le centre de la tour; prendre deux stations, A, B, sur cet alignement; mesurer la base AB et observer les angles ICS, IDS. Prenant le supplément SCD de l'angle mesuré ICS, on connaîtra dans le triangle SCD un côté et les deux angles adjacents; on calculera un des autres côtés SC au moyen de la proportion

$$\frac{SC}{CD} = \frac{\sin SDC}{\sin CSD}.$$

Ensuite, dans le triangle rectangle SCI, l'angle ICS et l'hypoténuse SC étant connus, on obtiendra le côté SI, ou la hauteur de la tour au-dessus du centre de l'instrument, par l'égalité SI = SC.sin SCI, et le problème sera résolu.

Exemple. Soient les données suivantes :

$$CD = 14^{m},762, \quad \text{l'angle } SCI = 41^\circ 29', \quad \text{l'angle } SDC = 33^\circ 17'.$$

Prenant d'abord le supplément de l'angle SCI, on trouve

$$SCD = 138^\circ 31'; \quad \text{donc} \quad CSD = 8^\circ 12'.$$

Calcul du côté SC :

$$\log CD = 1,1691452$$
$$\log \sin SDC = 9,7393980$$
$$\text{Compl.} \log \sin CSD = 0,8457924$$
$$\log SC = 1,7543356$$
$$SC = 56^m,798.$$

Calcul de la hauteur SI :

$$\log SC = 1,7543356$$
$$\log \sin SCI = 9,8211217$$
$$\log SI = 1,5754573$$
$$\text{Hauteur } SI = 37^m,623.$$

Remarquons que si l'on voulait, dans les deux questions précédentes, obtenir la hauteur absolue de l'édifice, il faudrait tenir compte de la hauteur du graphomètre et l'ajouter à l'élévation calculée.

63. *Mesurer la hauteur d'une montagne.* — On trouvera d'abord une base CD (*fig.* 20, *Pl. II*) dont on mesurera la longueur ; on observera ensuite, aux extrémités de la base, les angles SCD, SDC. On connaîtra alors dans le triangle SCD un côté et les deux angles adjacents, et l'on pourra calculer un des autres côtés SC. On observera encore au point C l'angle SCZ que forme la verticale avec le rayon visuel SC, et l'on en prendra le complément. On connaîtra alors dans le triangle rectangle SAC l'hypoténuse SC et l'un des angles aigus SCA ; on calculera le côté SA ou la hauteur du sommet S au-dessus de l'instrument au moyen de l'égalité $SA = SC \sin SCA$, et la question sera résolue.

64. Dans un triangle on donne les trois côtés $a = 849,538$, $b = 715,47$, $c = 628,436$: trouver les trois angles A, B, C.

On a d'abord

$$2p = 2193,444,$$

et, par suite,

$$p = 1096,722, \quad p - a = 247,184, \quad p - b = 381,252,$$
$$p - c = 468,286;$$

d'où

$$\log p = 3,0400965 \qquad \text{Compl.} \log p = 6,9599035$$
$$\log (p - a) = 2,3930203 \qquad \text{Compl.} \log (p - a) = 7,6069797$$
$$\log (p - b) = 2,5812121 \qquad \text{Compl.} \log (p - b) = 7,4187879$$
$$\log (p - c) = 2,6705112 \qquad \text{Compl.} \log (p - c) = 7,3294888$$

Calcul de l'angle A, par la formule $\tan \frac{A}{2} = \sqrt{\frac{(p-b)(p-c)}{p(p-a)}}$.

$$\log (p - b) \ldots\ldots\ 2,5812121$$
$$\log (p - c) \ldots\ldots\ 2,6705112$$
$$\text{Compl.} \log p \ldots\ldots\ 6,9599035$$
$$\text{Compl.} \log (p - a) \ldots\ldots\ 7,6069797$$
$$\text{Somme} \ldots\ldots\ 19,8186065$$
$$\log \tan \frac{A}{2} \ldots\ldots\ 9,9093032$$

$$\frac{A}{2} = 39°3'37''.$$
$$A = 78°7'14''.$$

Calcul de l'angle B, $\tang \frac{B}{2} = \sqrt{\frac{(p-a)(p-c)}{p(p-b)}}$.

$\log(p-a)$	2,3930203
$\log(p-c)$	2,6705112
Compl. $\log p$	6,9599035
Compl. $\log(p-b)$	7,4187879
Somme..........	19,4422229
$\log \tang \frac{B}{2}$	9,7211115

$\frac{B}{2} = 27°45'4'',3.$

$B = 55°30'8'',6.$

Calcul de l'angle C, $\tang \frac{C}{2} = \sqrt{\frac{(p-a)(p-b)}{p(p-c)}}$.

$\log(p-a)$	2,3930203
$\log(p-b)$	2,5812121
Compl. $\log p$	6,9599035
Compl. $\log(p-c)$	7,3294888
Somme..........	19,2636247
$\log \tang \frac{C}{2}$	9,6318123

$\frac{C}{2} = 23°11'18'',7.$

$C = 46°22'37'',14.$

Vérification.

A..............	78° 7'14''
B..............	55°30' 8'',6
C..............	46°22'37'',4
Somme......	180°.

65. *Étant donnés deux côtés* a, b, *et l'angle* A *opposé à l'un d'eux, trouver* B, C, c.

Soient

$$a = 5467,48, \quad b = 5784,59, \quad A = 66°18'42''.$$

Calcul de l'angle B, par la formule $\sin B = \frac{b \sin A}{a}$.

log 5784,59......	3,7622726
log sin 66°18'42''...	9,9617743
Compl. log 5467,48......	6,2622128
Somme..........	19,9862597
log sin B................	9,9862597

Angles correspondants : B' = 75°39'47'',6, B'' = 104°20'12'',4.

Ces deux valeurs conviennent parce qu'on a

$$a < b \quad \text{et} \quad A < 90^\circ \text{ (n° 45, page 49).}$$

Première solution : B = 75° 39′ 47″, 6.

CALCUL DE L'ANGLE C.

$$C = 180^\circ - (A + B)$$

A.	66° 18′ 42″, 0
B.	75° 39′ 47″, 6
A + B.	141° 58′ 29″, 6
C =	38° 1′ 30″, 4

CALCUL DU CÔTÉ *c*.

$$c = \frac{a \sin C}{\sin A}$$

log 5467,48	3,7377872
log sin 38° 1′ 30″, 4	9,7895855
Compl. log sin 66° 18′ 42″. .	0,0382257
Somme	13,5655984
log *c*.	3,5655984

$c = 3677,88.$

Seconde solution : B = 104° 20′ 12″, 4.

CALCUL DE L'ANGLE C.

$$C = 180^\circ - (A + B)$$

A	66° 18′ 42″, 0
B.	104° 20′ 12″, 4
A + B	170° 38′ 54″, 4
C =	9° 21′ 5″, 6

CALCUL DU CÔTÉ *c*.

$$c = \frac{a \sin C}{\sin A}$$

log 5467,48.	3,7377872
log sin 9° 21′ 5″, 6	9,2108313
Compl. log sin 66° 18′ 42″. .	0,0382257
Somme	12,9868442
log *c*.	2,9868442

$c = 970,16.$

66. *Déterminer la distance d'un point donné* B *à un point inaccessible* A.

On mesure sur le terrain une base quelconque BC, et les deux angles ACB, ABC. Le troisième angle BAC du triangle ABC est alors connu. La distance cherchée AB s'obtiendra par la proportion $\frac{AB}{BC} = \frac{\sin ACB}{\sin BAC}$.

Soient

$$BC = 207^m,11, \quad ACB = 85^\circ 27' 24'', \quad ABC = 53^\circ 19' 50'';$$

il en résultera

$$BAC = 41^\circ 12' 46''.$$

Calcul de la distance AB.

log 207,11.	2,3162011
log sin 85° 27′ 24″.	9,9986332
Compl. log sin 41° 12′ 46″.	0,1812087
Somme.	12,4960430
log AB	2,4960430

$AB = 313^m,36.$

67. *Déterminer la distance de deux points inaccessibles* A, B, *mais visibles.*

On mesure sur le terrain une base CD (*fig.* 21), et les angles BDC, ADC, ADB, BCD, ACD. On connaît alors, dans chacun des triangles BDC, ADC, un côté et deux angles, et, par conséquent, on pourra déterminer les valeurs des droites DB, DA, ce qui donnera, dans le triangle ADB.

deux côtés DB, DA, et l'angle compris ADB qui a été mesuré. En résolvant ce dernier triangle, on obtient la distance cherchée AB.

Mais, pour déterminer AB, il n'est pas indispensable de calculer les valeurs des côtés DB, DA, il suffit de connaître leurs logarithmes, et l'angle ADB que les côtés DB, DA comprennent.

En effet, posons DB $= a$, DA $= b$, ADB $=$ D; nous aurons

$$\frac{a+b}{a-b} = \frac{\cot\frac{D}{2}}{\tang\frac{A-B}{2}},$$

d'où

$$\tang\frac{A-B}{2} = \frac{a-b}{a+b}\cot\frac{D}{2} = \frac{1-\frac{b}{a}}{1+\frac{b}{a}} \times \cot\frac{D}{2}.$$

Déterminons un angle auxiliaire φ, tel que $\tang\varphi = \frac{b}{a}$, d'où

$$\log\tang\varphi = \log b + C^t\log a.$$

Il en résultera

$$\tang\frac{A-B}{2} = \frac{1-\tang\varphi}{1+\tang\varphi} \times \cot\frac{D}{2}.$$

Mais, d'après la formule connue $\tang(a-b) = \frac{\tang a - \tang b}{1+\tang a \tang b}$, on a, en supposant $a = 45°$, et, par suite, $\tang a = 1$,

$$\tang(45° - b) = \frac{1-\tang b}{1+\tang b},$$

et, en remplaçant b par φ,

$$\tang(45° - \varphi) = \frac{1-\tang\varphi}{1+\tang\varphi};$$

donc

$$\tang\frac{A-B}{2} = \tang(45° - \varphi)\cot\frac{D}{2}.$$

Cette dernière équation détermine la valeur de la demi-différence des angles A, B, du triangle ADB. La demi-somme de ces deux angles est d'ailleurs connue, puisqu'elle est égale au complément de la moitié de l'angle ADB qui a été mesuré sur le terrain.

Les angles A et B seront ainsi déterminés au moyen de leur demi-somme et de leur demi-différence.

Pour calculer la distance AB, on posera

$$\frac{AB}{AD} = \frac{\sin ADB}{\sin B},$$

d'où

$$\log AB = \log AD + \log\sin ADB + C^t\log\sin B - 10.$$

68. *Trois points remarquables* A, B, C, *étant donnés sur la carte d'un*

pays, on propose de déterminer la position d'un quatrième point F, *d'où les droites* AB, AC, *ont été vues sous des angles connus* (*fig.* 22).

Le point F est supposé situé sur le plan BAC, et dans l'intérieur de l'angle BAC.

Pour résoudre la question au moyen d'une construction graphique, on décrira sur les droites AC, AB, des segments capables des angles donnés AFC, AFB, et du côté de ces lignes où le point F doit être situé. Les arcs de ces deux segments capables auront le point A commun ; leur second point d'intersection F sera évidemment le point cherché.

Si les arcs des segments capables coïncident, la question est indéterminée. Ce cas particulier a lieu lorsque la somme des angles donnés AFB, AFC, est le supplément de l'angle BAC.

Pour traiter la même question par le calcul, nous chercherons d'abord les valeurs des angles FBA, FCA. Lorsque ces angles seront connus, il sera facile de trouver toutes les parties du quadrilatère ABCF, puisqu'on aura, dans chacun des triangles ABF, ACF, un côté et deux angles.

Soient $AC = b$, $AB = c$, $AFC = \alpha$, $AFB = \beta$, $BAC = A$; et $ACF = x$, $ABF = y$.

On aura

$$x + y = 360^\circ - (A + \alpha + \beta).$$

De plus,

$$\frac{\sin x}{\sin\alpha} = \frac{AF}{b} \quad \text{et} \quad \frac{\sin y}{\sin\beta} = \frac{AF}{c};$$

d'où

$$(1) \qquad \frac{\sin x}{\sin y} = \frac{c \sin\alpha}{b \sin\beta} = \frac{c}{d},$$

en posant $\dfrac{b\sin\beta}{\sin\alpha} = d$. Le nombre d est d'ailleurs facile à calculer par logarithmes, au moyen de la relation $\dfrac{b\sin\beta}{\sin\alpha} = d$.

De l'équation $\dfrac{\sin x}{\sin y} = \dfrac{c}{d}$, on déduit

$$\frac{\sin x - \sin y}{\sin x + \sin y} = \frac{c - d}{c + d}, \qquad \frac{\tang\dfrac{x-y}{2}}{\tang\dfrac{x+y}{2}} = \frac{c-d}{c+d};$$

$$\tang\frac{x-y}{2} = \frac{c-d}{c+d}\tang\frac{x+y}{2};$$

$$(2) \qquad \tang\frac{x-y}{2} = \frac{d-c}{c+d}\tang\frac{A+\alpha+\beta}{2}.$$

Cette dernière égalité détermine la valeur de $\dfrac{x-y}{2}$; on connaîtra donc la demi-différence et la demi-somme des angles x et y, et, par conséquent, on aura les valeurs de ces deux angles.

Lorsque $\frac{A+\alpha+\beta}{2} = 90^\circ$, tang $\frac{A+\alpha+\beta}{2} = \infty$, et l'équation (2) devient d'abord

$$\tang\frac{x-y}{2} = \frac{d-c}{c+d} \times \infty.$$

Mais, dans ce cas particulier, $\frac{d-c}{d+c} = 0$; en effet, l'égalité

$$\frac{A+\alpha+\beta}{2} = 90^\circ$$

revient à

$$A+\alpha+\beta = 180^\circ,$$

et, par conséquent, le quadrilatère FABC est inscriptible. On a donc $\alpha = \text{CBA}$, $\beta = \text{BCA}$, $\frac{\sin\beta}{\sin\alpha} = \frac{\sin \text{BCA}}{\sin \text{CBA}} = \frac{c}{b}$. Il s'ensuit $\frac{b\sin\beta}{\sin\alpha} = c$, ou $d = c$, $d - c = 0$. Le second membre de l'équation (2) prend alors la forme $0 \times \infty$: ce qui indique l'indétermination de la question proposée.

Remarque. — En admettant que la somme $A+\alpha+\beta$ soit différente de 180°, la valeur de tang $\frac{x-y}{2}$ peut encore être déterminée par le calcul suivant :

De l'équation

$$(1) \qquad \frac{\sin x}{\sin y} = \frac{c\sin\alpha}{b\sin\beta}$$

on tire

$$\frac{\sin x - \sin y}{\sin x + \sin y} = \frac{c\sin\alpha - b\sin\beta}{c\sin\alpha + b\sin\beta},$$

ou

$$\frac{\tang\frac{x-y}{2}}{\tang\frac{x+y}{2}} = \frac{c\sin\alpha - b\sin\beta}{c\sin\alpha + b\sin\beta}.$$

Et, en posant

$$\frac{b\sin\beta}{c\sin\alpha} = \tang\varphi,$$

il vient

$$\frac{\tang\frac{x-y}{2}}{\tang\frac{x+y}{2}} = \frac{1-\tang\varphi}{1+\tang\varphi} = \tang(45^\circ - \varphi).$$

D'où

$$\tang\frac{x-y}{2} = \tang(\varphi - 45^\circ)\tang\frac{A+\alpha+\beta}{2},$$

valeur calculable par logarithmes.

CHAPITRE IV.

RÉSOLUTION DES TRIANGLES SPHÉRIQUES.

Relations entre les côtés et les angles d'un triangle sphérique.

69. Lorsque le rayon d'une sphère est donné, les côtés et les angles d'un triangle tracé sur la sphère seront déterminés quand on connaîtra les nombres de degrés qu'ils renferment. Pour trouver ces nombres de degrés, il faut d'abord établir des relations entre les lignes trigonométriques des parties du triangle.

La première de ces relations est celle qui lie les trois côtés à un angle on doit la considérer comme fondamentale, parce qu'il est possible d'en déduire toutes les autres formules relatives à la résolution des triangles sphériques.

Nous désignerons toujours les trois angles par A, B, C, et les côtés respectivement opposés par a, b, c.

Cherchons d'abord la relation qui existe entre les trois côtés et l'angle A.

Soient ABC (*fig.* 26) le triangle sphérique considéré, et O le centre de la sphère à laquelle ce triangle appartient. Menons aux côtés AB, AC, de l'angle A, les tangentes AD, AE, et supposons qu'elles rencontrent aux points D, E, les rayons OB, OC, suffisamment prolongés.

En prenant pour unité le rayon OA de la sphère, on aura

$$AD = \text{tang}\, c, \quad AE = \text{tang}\, b, \quad OD = \text{séc}\, c, \quad OE = \text{séc}\, b.$$

De plus, l'angle DAE est égal à l'angle A du triangle sphérique, et l'angle DOE a pour mesure le côté a de ce triangle.

Cela posé, les triangles rectilignes DAE, DOE donnent

$$DE^2 = AD^2 + AE^2 - 2\, AD . AE \cos DAE,$$
$$DE^2 = OD^2 + OE^2 - 2\, OD . OE \cos DOE;$$

retranchant la première de ces égalités de la seconde, et observant que

$$OD^2 - AD^2 = OA^2 = 1, \quad OE^2 - AE^2 = OA^2 = 1,$$

il vient

$$0 = 2 - 2\, \text{séc}\, b\, \text{séc}\, c \cos a + 2\, \text{tang}\, b\, \text{tang}\, c \cos A,$$

ou

$$1 - \text{séc}\, b\, \text{séc}\, c \cos a + \text{tang}\, b\, \text{tang}\, c \cos A = 0.$$

Mais,

$$\text{séc}\, b = \frac{1}{\cos b}, \quad \text{séc}\, c = \frac{1}{\cos c}, \quad \text{tang}\, b = \frac{\sin b}{\cos b}, \quad \text{tang}\, c = \frac{\sin c}{\cos c},$$

donc

$$1 - \frac{\cos a}{\cos b \cos c} + \frac{\sin b \sin c \cos A}{\cos b \cos c} = 0,$$

et, par suite,

$$\cos a = \cos b \cos c + \sin b \sin c \cos A. \tag{1}$$

Dans la démonstration précédente, les côtés b, c, ont été supposés moindres que le quadrant; mais il est facile de reconnaître que la formule (1) est générale.

En effet, supposons (*fig.* 27)

$$c > 90° \quad \text{et} \quad b < 90°.$$

Si l'on prolonge les côtés c, a, jusqu'à leur rencontre en B′, les côtés c', b, qui comprennent l'angle B′AC, dans le triangle CAB′, étant moindres que 90°, on aura, en désignant B′C par a',

$$\cos a' = \cos b \cos c' + \sin b \sin c' \cos B'AC.$$

Or,

$$a' = 180° - a, \quad c' = 180° - c, \quad B'AC = 180° - A;$$

donc

$$-\cos a = -\cos b \cos c - \sin b \sin c \cos A,$$

ou

$$\cos a = \cos b \cos c + \sin b \sin c \cos A. \tag{1}$$

Si les côtés b, c, sont tous deux plus grands que 90°, en les prolongeant jusqu'à leur rencontre en A′ (*fig.* 28), les suppléments b', c', de ces côtés, étant moindres que 90°, on aura, dans le triangle BA′C,

$$\cos a = \cos b' \cos c' + \sin b' \sin c' \cos A',$$

ou

$$\cos a = \cos b \cos c + \sin b \sin c \cos A. \tag{1}$$

Ainsi, lorsque aucun des deux côtés b, c n'est égal à 90°, l'égalité (1) existe nécessairement.

Cette égalité est immédiatement vérifiée quand les côtés b, c sont tous deux égaux à 90°, car elle se réduit alors à $\cos a = \cos A$; et, en effet, dans ce cas le côté a est la mesure de l'angle A qui lui est opposé.

Enfin, si l'un des deux côtés c est égal à 90°, et l'autre b différent de 90° (*fig.* 29), la formule est encore vraie.

Pour le faire voir, prenons sur AC l'arc AD = 90°, et menons l'arc de grand cercle BD, dont le point A est un des pôles. Si l'arc BD = 90°, le point B sera le pôle de AC, et l'on aura $a = 90°$, $A = 90°$; la formule (1) est alors évidente, car elle se réduit à $0 = 0$.

Si l'arc BD est différent de 90°, on pourra appliquer au triangle BDC la formule dont il s'agit, puisque le côté DC de ce triangle est, comme BD, différent de 90°; et il en résultera

$$\cos a = \cos BD \cos DC + \sin BD \sin DC \cos BDC,$$

égalité qui se réduit à

$$\cos a = \cos A \sin b,$$

car, l'angle BDC étant droit, $\cos BDC = 0$, et en outre $\cos BD = \cos A$, $\cos DC = \sin b$.

Or l'égalité $\cos a = \cos A \sin b$ montre que la formule (1) convient encore au triangle proposé ABC, puisque, dans le cas particulier où $c = 90°$, la relation $\cos a = \cos b \cos c + \sin b \sin c \cos A$ se réduit à $\cos a = \cos A \sin b$.

Donc la formule (1) est générale.

En appliquant successivement cette formule à chacun des trois côtés du triangle, on aura trois relations distinctes entre les six parties du triangle; on pourra donc déterminer trois de ces parties, quand les trois autres seront données. Mais, pour les applications pratiques, il est utile d'avoir des relations entre quatre parties quelconques du triangle, afin d'obtenir immédiatement l'inconnue que l'on cherche en fonction des trois données. Ces relations, réellement distinctes, sont au nombre de quatre, comme il est facile de s'en assurer.

70. 1° *Relation entre les trois côtés et un angle.*

Cette relation consiste dans la formule (1) du numéro précédent; elle donne lieu aux trois égalités suivantes :

$$(1) \qquad \cos a = \cos b \cos c + \sin b \sin c \cos A,$$

$$(2) \qquad \cos b = \cos a \cos c + \sin a \sin c \cos B,$$

$$(3) \qquad \cos c = \cos a \cos b + \sin a \sin b \cos C.$$

2° *Relation entre deux côtés et les deux angles opposés.*

Pour obtenir une relation entre les deux côtés a, b, par exemple, et les angles opposés A, B, il suffirait d'éliminer $\sin c$, $\cos c$, entre les égalités (1), (2), et $\sin^2 c + \cos^2 c = 1$; mais on parvient plus simplement à la relation cherchée par le calcul suivant :

On a, d'après la formule (1),

$$\cos A = \frac{\cos a - \cos b \cos c}{\sin b \sin c};$$

d'où

$$\sin^2 A = 1 - \cos^2 A = \frac{\sin^2 b \sin^2 c - (\cos a - \cos b \cos c)^2}{\sin^2 b \sin^2 c},$$

$$\sin^2 A = \frac{(1 - \cos^2 b)(1 - \cos^2 c) - (\cos a - \cos b \cos c)^2}{\sin^2 b \sin^2 c}.$$

Développant et réduisant,

$$\sin^2 A = \frac{1 - \cos^2 a - \cos^2 b - \cos^2 c + 2 \cos a \cos b \cos c}{\sin^2 b \sin^2 c};$$

ce qui donne

$$\frac{\sin A}{\sin a} = \frac{\sqrt{1 - \cos^2 a - \cos^2 b - \cos^2 c + 2 \cos a \cos b \cos c}}{\sin a \sin b \sin c}.$$

Le radical doit être pris avec le signe *plus*, car les angles et les côtés du triangle étant supposés moindres que 180°, leurs sinus sont nécessairement positifs.

Le second membre de cette dernière égalité étant symétrique par rapport aux lettres a, b, c; on en peut conclure

$$\frac{\sin A}{\sin a} = \frac{\sin B}{\sin b}, \tag{4}$$

$$\frac{\sin A}{\sin a} = \frac{\sin C}{\sin c}. \tag{5}$$

Donc, *dans un triangle sphérique les sinus des angles sont entre eux comme les sinus des côtés opposés.*

3° *Relation entre deux côtés et deux angles dont un seulement est opposé à l'un de ces côtés.*

Soient a, b, C, A les parties considérées. Pour obtenir la relation cherchée, on éliminera $\cos c$ et $\sin c$ entre les relations (1), (3) et (5).

En remplaçant dans l'égalité (1) $\cos c$ par sa valeur (3), il vient d'abord

$$\cos a = \cos a \cos^2 b + \cos b \sin a \sin b \cos C + \sin b \sin c \cos A.$$

Transposant $\cos a \cos^2 b$ dans le premier membre, et observant quo $1 - \cos^2 b = \sin^2 b$, on a

$$\cos a \sin^2 b = \cos b \sin a \sin b \cos C + \sin b \sin c \cos A,$$

et, en divisant tous les termes par $\sin a \sin b$,

$$\cot a \sin b = \cos b \cos C + \frac{\sin c \cos A}{\sin a}.$$

Mais, d'après la relation (5), $\dfrac{\sin c}{\sin a} = \dfrac{\sin C}{\sin A}$; donc

$$\cot a \sin b = \cos b \cos C + \sin C \cot A. \tag{6}$$

C'est la relation cherchée.

En considérant les différentes permutations que l'on peut faire avec les lettres, on trouve, au moyen de cette formule, les six égalités :

$$\cot a \sin b = \cos b \cos C + \sin C \cot A, \tag{6}$$
$$\cot b \sin a = \cos a \cos C + \sin C \cot B, \tag{7}$$
$$\cot a \sin c = \cos c \cos B + \sin B \cot A, \tag{8}$$
$$\cot c \sin a = \cos a \cos B + \sin B \cot C, \tag{9}$$
$$\cot b \sin c = \cos c \cos A + \sin A \cot B, \tag{10}$$
$$\cot c \sin b = \cos b \cos A + \sin A \cot C. \tag{11}$$

4° *Relation entre un côté et les angles.*

On pourrait encore déduire cette relation des formules fondamentales (1), (2), (3), en éliminant entre elles deux des trois côtés b, c, par exemple; mais il est plus simple de recourir au triangle supplémentaire.

Soient A', B', C' les trois angles du triangle supplémentaire, et a', b', c les côtés opposés; on aura, d'après la formule (1),

$$\cos a' = \cos b' \cos c' + \sin b' \sin c' \cos A'.$$

Mais, $\cos a' = -\cos A$, puisque a' est le supplément de A; de même,

$$\cos b' = -\cos B, \quad \cos c' = -\cos C,$$
$$\sin b' = \sin B, \quad \sin c' = \sin C, \quad \cos A' = -\cos a;$$

on a donc

$$-\cos A = \cos B \cos C - \sin B \sin C \cos a,$$

ou bien, en changeant les signes des termes,

$$\cos A = -\cos B \cos C + \sin B \sin C \cos a.$$

En appliquant la même formule aux deux autres côtés b, c, on obtient ces trois nouvelles égalités:

$$(12) \qquad \cos A = -\cos B \cos C + \sin B \sin C \cos a,$$
$$(13) \qquad \cos B = -\cos A \cos C + \sin A \sin C \cos b,$$
$$(14) \qquad \cos C = -\cos A \cos B + \sin A \sin B \cos c,$$

au moyen desquelles on pourra déterminer les côtés d'un triangle lorsque les angles seront donnés.

71. *Remarque.* Dans les différentes formules qui précèdent, les expressions $\sin a$, $\cos a$, etc., représentent les sinus, cosinus, etc., des angles mesurés en degrés par a, b, c; or, la mesure d'un angle est, en général, exprimée par le rapport de l'arc au rayon : il en résulte qu'en désignant par a, b, c, les longueurs des côtés d'un triangle tracé sur une sphère dont le rayon est r, on peut, dans les formules, remplacer a, b, c par $\frac{a}{r}$, $\frac{b}{r}$, $\frac{c}{r}$; alors a, b, c exprimeront les valeurs numériques des côtés du triangle considéré. Au moyen de cette substitution, la formule (1) devient

$$\cos\frac{a}{r} = \cos\frac{b}{r}\cos\frac{c}{r} + \sin\frac{b}{r}\cos\frac{c}{r}\cos A.$$

Résolution des triangles sphériques rectangles.

72. Un triangle sphérique est *rectangle* lorsqu'il a un angle droit. Le côté opposé à cet angle se nomme encore *hypoténuse*.

On sait qu'un triangle sphérique peut être *birectangle*, et même *trirectangle*, c'est-à-dire qu'il peut avoir deux de ses angles droits, ou ses trois angles droits. Dans le premier de ces deux cas, deux des côtés sont des quadrants, et le troisième est la mesure de l'angle qui lui est opposé. Dans le second, les trois côtés sont des quadrants. Par conséquent, ces deux cas ne donnent lieu à aucun problème.

Nous ne considérerons donc, à l'avenir, que des triangles rectangles dans lesquels un seul angle sera droit; les deux autres, aigus ou obtus, se nomment angles *obliques*.

Pour obtenir les formules qui servent à résoudre les triangles rectangles, il suffira de remplacer, dans les relations générales que nous avons établies (n° 70), un des trois angles du triangle par 90°. En posant $A = 90°$, dans ces différentes relations, on obtient les formules suivantes :

(1) $\cos a = \cos b \cos c$,

(2) $\sin b = \sin a \sin B, \ldots$ $\sin c = \sin a \sin C$,

(3) $\tan b = \tan a \cos C, \ldots$ $\tan c = \tan a \cos B$,

(4) $\tan b = \sin c \tan B, \ldots$ $\tan c = \sin b \tan C$,

(5) $\cos B = \sin C \cos b, \ldots$ $\cos C = \sin B \cos c$.

(6) $\cos a = \cot B \cot C$.

On a donc, pour résoudre les triangles sphériques rectangles, six formules distinctes, auxquelles le calcul logarithmique s'applique immédiatement.

73. La formule (1) $\cos a = \cos b \cos c$ montre que :

Dans tout triangle sphérique rectangle, le cosinus de l'hypoténuse est égal au produit des cosinus des côtés de l'angle droit.

Quand le triangle considéré ABC n'a qu'un seul angle droit A, aucun des trois côtés a, b, c n'est égal à 90°; car, si l'un d'eux avait cette valeur, il faudrait, d'après l'égalité $\cos a = \cos b \cos c$, qu'un autre côté fût de même égal à 90°, et alors le triangle aurait au moins deux angles droits.

Il résulte aussi de la formule $\cos a = \cos b \cos c$ que l'hypoténuse a ne peut être égale à aucun des côtés b, c de l'angle droit.

Les deux termes $\cos a$ et $\cos b \cos c$ devant avoir le même signe, il faut que les cosinus des trois côtés soient à la fois positifs, ou bien qu'un seul des trois côtés ait un cosinus positif. Par conséquent :

Dans tout triangle sphérique rectangle, les trois côtés sont, à la fois, moindres que 90°; *ou bien, un seul de ces côtés est moindre que* 90°, *et les deux autres sont plus grands.*

74. On voit par la formule (2) que *le sinus d'un des côtés de l'angle droit est égal au produit du sinus de l'hypoténuse par le sinus de l'angle opposé à ce côté.*

Et la formule (3) exprime que *la tangente d'un des côtés de l'angle droit est égale au produit de la tangente de l'hypoténuse par le cosinus de l'angle adjacent à ce côté.*

75. La formule (4) donne $\tan B = \dfrac{\tan b}{\sin c}$; ainsi :

Dans tout triangle sphérique rectangle, la tangente d'un des angles obliques est égale à la tangente du côté opposé, divisée par le sinus du côté adjacent.

Ces différentes propositions correspondent à celles qu'on a démontrées (n°s 40 et 41) pour le triangle rectiligne rectangle.

76. Les sinus des côtés b, c, étant toujours positifs, on doit conclure de la formule $\tan b = \sin c \tan B$, que

Dans un triangle sphérique rectangle, un angle oblique et le côté qui lui est opposé sont, à la fois, plus petits ou plus grands que 90°.

En d'autres termes : *Chacun des angles obliques est de même espèce que le côté qui lui est opposé.*

77. Nous allons maintenant considérer les différents cas de la résolution des triangles sphériques rectangles ; ces cas sont au nombre de six.

1er cas. *On donne l'hypoténuse a et un des côtés b de l'angle droit : trouver c, B, C.*

De la formule $\cos a = \cos b \cos c$, on tire $\cos c = \frac{\cos a}{\cos b}$. La formule (2) donne $\sin B = \frac{\sin b}{\sin a}$, et la formule (3), $\cos C = \frac{\tang b}{\tang a}$.

Les côtés et les angles étant moindres que 180°, chaque cosinus ne correspond qu'à un seul arc ; quant à l'angle B, quoiqu'il soit donné par un sinus, il ne peut recevoir qu'une seule valeur, puisque cet angle doit être de même espèce que le côté b qui lui est opposé (n° 76).

2e cas. *Connaissant l'hypoténuse a et l'un des angles obliques, B, trouver b, c, C.*

On a, d'après les formules (2), (3), (6) du n° 72, page 83,

$$\sin b = \sin a \sin B, \quad \tang c = \tang a \cos B, \quad \cot C = \frac{\cos a}{\cot B}.$$

La question n'admet qu'une seule solution.

3e cas. *Étant donnés les côtés b, c de l'angle droit, déterminer a, B, C.*

Des formules (1), (4) on déduit

$$\cos a = \cos b \cos c, \quad \tang B = \frac{\tang b}{\sin c}, \quad \tang C = \frac{\tang c}{\sin b}.$$

Comme dans le cas précédent, il y a une solution, et une seule.

4e cas. *Connaissant un côté de l'angle droit, b, et l'angle opposé B, déterminer a, c, C.*

Les formules (2), (4), (5) conduisent à

$$\sin a = \frac{\sin b}{\sin B}, \quad \sin c = \frac{\tang b}{\tang B}, \quad \sin C = \frac{\cos B}{\cos b}.$$

Discussion. 1° Lorsque l'angle donné B est aigu, il faut, pour que le problème soit possible, qu'on ait $b < B$ ou $b = B$. Dans le premier cas, le problème admet deux solutions ; dans le second, il n'en admet qu'une seule.

En effet, lorsque l'angle B est aigu, le côté b doit être moindre que 90°, puisque chacun des côtés de l'angle droit est de même espèce que l'angle opposé (n° 76). D'ailleurs b ne peut surpasser B ; car si l'on avait $b > B$, comme b et B sont chacun plus petits que 90°, il en résulterait $\sin b > \sin B$, ou $\frac{\sin b}{\sin B} > 1$, et, par suite, la formule $\sin a = \frac{\sin b}{\sin B}$ donnerait $\sin a > 1$.

Il faut donc qu'on ait $b < B$, ou $b = B$.

Supposons $b < B$. Les trois rapports $\frac{\sin b}{\sin B}$, $\frac{\tang b}{\tang B}$, $\frac{\cos B}{\cos b}$ seront à la fois moindres que l'unité. En outre, les côtés a, c, et l'angle C sont donnés par leurs sinus; on trouvera donc, pour chacune des trois inconnues a, c, C, deux valeurs supplémentaires, l'une plus petite et l'autre plus grande que 90°.

Si l'on prend pour l'hypoténuse a la valeur moindre que 90°, on aura $\cos a > 0$, et comme $\cos b$ est positif, la relation $\cos a = \cos b \cos c$ donnera $\cos c > 0$; c'est-à-dire qu'il faudra prendre $c < 90°$. Or C doit être de même espèce que c; donc la valeur de C devra être moindre que 90°.

Si l'on donne à l'hypoténuse a la valeur plus grande que 90°, il en résultera $\cos a < 0$, et, par suite, $\cos c < 0$, $c > 90°$; d'où $C > 90°$.

Il y aura donc deux solutions, lorsque b sera moindre que l'angle aigu B. Dans la première, les inconnues a, c, C, sont moindres que 90°; le contraire a lieu dans la seconde.

Quand $b = B$, les trois rapports $\frac{\sin b}{\sin B}$, $\frac{\tang b}{\tang B}$, $\frac{\cos B}{\cos b}$ deviennent égaux à l'unité, et l'on a

$$a = 90°, \quad c = 90°, \quad C = 90°.$$

Le triangle est alors birectangle, et le problème n'admet plus qu'une seule solution.

2° Lorsque l'angle donné B est obtus, il faut, pour que le triangle soit possible, qu'on ait $b > B$, ou $b = B$. Dans le premier cas, il y aura deux solutions, et dans le second, une seule.

Car, de l'inégalité supposée $B > 90°$, on conclura d'abord $b > 90°$, puisque b doit être de même espèce que B. Et, comme le rapport $\frac{\sin b}{\sin B}$ ne peut surpasser l'unité, il faudra qu'on ait $b > B$, ou $b = B$.

En supposant $b > B$, on aura, pour chacune des inconnues, a, c, C, deux valeurs supplémentaires.

Si l'on prend $a < 90°$, il en résulte $\cos a > 0$, et la formule

$$\cos a = \cos b \cos c \quad \text{donne} \quad \cos c < 0,$$

parce que $\cos b < 0$. Donc $c > 90°$, et $C > 90°$.

En prenant, au contraire, $a > 90°$, on aura $\cos c > 0$; d'où $c < 90°$ et $C < 90°$. Ce qui donne encore deux solutions.

On a déjà vu que si $b = B$, le triangle est birectangle.

Au reste, il est facile de vérifier, par la géométrie, que si la question admet une solution elle doit en admettre deux, lorsque le triangle cherché n'est pas birectangle.

Car supposons que le triangle ABC (*fig.* 30) satisfasse à la question, sans être birectangle. En prenant les arcs BC', BA', suppléments des côtés BC, BA, on aura un second triangle BC'A', qui répondra de même aux conditions du problème. Pour le voir, il suffit de prolonger les arcs BC, BA, jusqu'à leur intersection B'. Les triangles B'C'A', BCA, seront évidemment égaux ; on aura donc

$$A'C' = AC = b \quad \text{et} \quad C'A'B = 90^\circ.$$

Ainsi, les deux triangles BAC, BA'C', satisferont, tous deux, à la question proposée.

5e CAS. *Connaissant le côté* b *et l'angle oblique adjacent* C, *déterminer* a, c, B.

Par les formules (3), (4), (5) (n° 72), on a

$$\operatorname{tang} a = \frac{\operatorname{tang} b}{\cos C}, \quad \operatorname{tang} c = \sin b \operatorname{tang} C, \quad \cos B = \sin C \cos b.$$

Les inconnues a, c, B, étant déterminées par des tangentes et par un cosinus, la question n'admettra qu'une seule solution.

6e CAS. *Connaissant les deux angles obliques* B, C, *trouver* a, b, c.

Les formules (6), (5), donnent

$$\cos a = \operatorname{cotang} B \operatorname{cotang} C, \quad \cos b = \frac{\cos B}{\sin C}, \quad \cos c = \frac{\cos C}{\sin B}.$$

On voit que la question ne peut admettre plus d'une solution.

Remarque. Dans les différents cas de résolution que nous venons d'examiner, il est possible qu'une ou plusieurs lignes trigonométriques correspondantes aux données de la question aient des valeurs négatives. C'est ce qui arrive lorsque les côtés ou les angles donnés sont plus grands que 90°, et entrent dans les formules par un cosinus, une tangente, ou bien par une cotangente. Pour appliquer alors les logarithmes aux expressions obtenues, on change le signe des données négatives; et si, en opérant de cette manière, la ligne inconnue prend un signe contraire à celui qu'elle avait d'abord, ce sera le supplément de la valeur obtenue pour l'angle ou pour le côté cherché qui conviendra à la question. Si la ligne inconnue a conservé le même signe, la valeur obtenue est celle que l'on doit prendre.

Supposons, par exemple, que l'on donne les côtés de l'angle droit, b, c, tous deux plus grands que 90°. Les valeurs $\cos b$, $\cos c$, étant négatives, on changera leurs signes pour obtenir leurs logarithmes; et comme $\cos a$ reste positif, la valeur moindre que 90°, obtenue pour l'hypoténuse a, conviendra à la question.

Quant à la valeur de B, donnée par la formule

$$\operatorname{tang} B = \frac{\operatorname{tang} b}{\sin c},$$

lorsqu'on change le signe de $\operatorname{tang} b$, il en faudra prendre le supplément, parce qu'on a changé le signe de $\operatorname{tang} B$, en changeant celui de $\operatorname{tang} b$.

Résolution des triangles sphériques obliquangles.

78. 1er CAS. *Etant donnés les trois côtés* a, b, c, *déterminer les trois angles* A, B, C.

Pour obtenir l'angle A, par exemple, on emploiera la formule

$$\cos a = \cos b \cos c + \sin b \sin c \cos A,$$

qui établit une relation entre cet angle et les trois côtés donnés.

De cette forme on déduit

$$\cos A = \frac{\cos a - \cos b \cos c}{\sin b \sin c}.$$

Mais on obtiendra des expressions plus faciles à calculer par logarithmes, en déterminant les valeurs de $\sin \frac{A}{2}$, $\cos \frac{A}{2}$, $\operatorname{tang} \frac{A}{2}$. Cherchons d'abord $\sin \frac{A}{2}$; on a

$$\sin \frac{A}{2} = \sqrt{\frac{1 - \cos A}{2}} = \sqrt{\frac{1 - \frac{\cos a - \cos b \cos c}{\sin b \sin c}}{2}};$$

$$= \sqrt{\frac{\sin b \sin c + \cos b \cos c - \cos a}{2 \sin b \sin c}};$$

$$= \sqrt{\frac{\cos (b - c) - \cos a}{2 \sin b \sin c}};$$

ou, parce que

$$\cos (b - c) - \cos a = 2 \sin \frac{a + b - c}{2} \sin \frac{a + c - b}{2},$$

on aura

$$\sin \frac{A}{2} = \sqrt{\frac{\sin \frac{a + c - b}{2} \sin \frac{a + b - c}{2}}{\sin b \sin c}}.$$

Posons $a + b + c = 2p$, il viendra

$$\frac{a + c - b}{2} = p - b, \quad \frac{a + b - c}{2} = p - c,$$

et, par suite,

(1) $$\sin \frac{A}{2} = \sqrt{\frac{\sin (p - b) \sin (p - c)}{\sin b \sin c}}.$$

Un calcul semblable donne

(2) $$\cos \frac{A}{2} = \sqrt{\frac{\sin p \sin (p - a)}{\sin b \sin c}},$$

En divisant les égalités (1), (2) l'une par l'autre, on a

(3) $$\operatorname{tang} \frac{A}{2} = \sqrt{\frac{\sin (p - b) \sin (p - c)}{\sin p \sin (p - a)}}.$$

Ces trois formules sont, comme on voit, analogues à celles qui ont été obtenues pour la résolution d'un triangle rectiligne dont les trois côtés sont donnés.

Lorsqu'il faudra calculer les trois angles d'un triangle sphérique, il conviendra d'employer la formule (3), par la raison déjà donnée dans la résolution des triangles rectilignes (page 57).

Discussion. Occupons-nous de la formule

$$\tan\frac{A}{2} = \sqrt{\frac{\sin(p-b)\sin(p-c)}{\sin p \sin(p-a)}},$$

dans laquelle les données a, b, c sont des arcs positifs, chacun moindre qu'une demi-circonférence.

Pour que la valeur de $\tan\frac{A}{2}$ déterminée par cette formule convienne à la question, il faut que l'expression $\frac{\sin(p-b)\sin(p-c)}{\sin p \sin(p-a)}$ soit positive et finie, car l'angle $\frac{A}{2}$ est nécessairement compris entre o et 90°.

Le dénominateur $\sin p \sin(p-a)$ de la fraction

$$\frac{\sin(p-b)\sin(p-c)}{\sin p \sin(p-a)}$$

n'est pas nul, puisque la valeur de cette fraction doit être finie et déterminée; on peut donc écrire

$$\frac{\sin(p-b)\sin(p-c)}{\sin p \sin(p-a)} = \frac{\sin p \sin(p-a)\sin(p-b)\sin(p-c)}{[\sin p \sin(p-a)]^2},$$

et il faudra qu'on ait $\sin p \sin(p-a)\sin(p-b)\sin(p-c) > 0$.

Or, parmi les quatre facteurs de ce produit, il ne peut s'en trouver deux qui soient négatifs. En effet, admettons, par exemple, les inégalités

$$\sin p < 0, \quad \sin(p-a) < 0,$$

il en résultera

$$\sin p + \sin(p-a) < 0,$$

$$2\sin\frac{b+c}{2}\cos\frac{a}{2} < 0.$$

Mais, les côtés a, b, c étant supposés positifs et moindres que 180°, on a $\sin\frac{b+c}{2} > 0$ et $\cos\frac{a}{2} > 0$; donc les inégalités

$$\sin p < 0, \quad \sin(p-a) < 0$$

ne peuvent exister simultanément.

Il est de même impossible qu'on ait à la fois

$$\sin(p-a) < 0, \quad \sin(p-b) < 0,$$

parce que ces deux inégalités conduiraient aux suivantes :

$$\sin(p-a) + \sin(p-b) < 0,$$

$$2\sin\frac{c}{2}\cos\frac{a-b}{2} < 0,$$

dont la dernière est évidemment en contradiction avec les hypothèses faites sur les valeurs des côtés a, b, c.

De ce que le produit $\sin p \sin(p-a)\sin(p-b)\sin(p-c) > 0$ n'admet pas deux facteurs négatifs, il faut d'abord conclure

$$\sin p > 0, \quad \sin(p-a) > 0, \quad \sin(p-b) > 0, \quad \sin(p-c) > 0.$$

Cela posé, le demi-périmètre p étant nécessairement moindre que 270°, la condition $\sin p > 0$ donne

$$p < 180°, \quad \text{ou} \quad 2p < 360°,$$

c'est-à-dire que la somme des trois côtés doit être moindre qu'une circonférence de grand cercle.

Puis, les trois autres inégalités

$$\sin(p-a) > 0, \quad \sin(p-b) > 0, \quad \sin(p-c) > 0$$

conduisent à $p-a>0$, $p-b>0$, $p-c>0$, car si l'arc $p-a$, par exemple, était négatif, il faudrait, à cause de l'inégalité

$$\sin(p-a) > 0,$$

qu'on eût $a-p>180°$, $a>180°$, contrairement à l'hypothèse.

On a donc

$$p-a>0, \quad p-b>0, \quad p-c>0,$$

d'où

$$a<b+c, \quad b<a+c, \quad c<a+b.$$

Par conséquent, les conditions nécessaires et suffisantes pour que le triangle soit possible consistent en ce que :

La somme des trois côtés a, b, c soit moindre qu'une circonférence, et chacun des côtés moindre que la somme des deux autres.

La discussion des deux formules

$$\sin\frac{A}{2} = \sqrt{\frac{\sin(p-b)\sin(p-c)}{\sin b \sin c}} \quad \text{et} \quad \cos\frac{A}{2} = \sqrt{\frac{\sin p \sin(p-a)}{\sin b \sin c}}$$

conduit aux mêmes conditions.

2e CAS. *On donne deux côtés a, b, et l'angle A opposé à l'un d'eux, a : trouver B, C, c.*

L'angle B se détermine par la formule

$$\sin B = \frac{\sin b \sin A}{\sin a},$$

Pour trouver l'angle C, on emploiera la relation

$$\cot a \sin b = \cos b \cos C + \sin C \cot A \text{ (page 81)},$$

qui donne

$$\sin C + \frac{\cos b}{\cot A} \cos C = \frac{\cot a \sin b}{\cot A}.$$

Soit φ un angle auxiliaire tel que $\operatorname{tang}\varphi = \frac{\cos b}{\cot A}$; on aura, en remplaçant $\frac{\cos b}{\cot A}$ par $\frac{\sin\varphi}{\cos\varphi}$,

$$\sin C + \frac{\sin\varphi \cos C}{\cos\varphi} = \frac{\cot a \sin b}{\cot A},$$

ou

$$\sin C \cos\varphi + \sin\varphi \cos C = \frac{\cot a \sin b \cos\varphi}{\cot A};$$

ce qui revient à

$$\sin(C + \varphi) = \frac{\cot a \sin b \cos\varphi}{\cot A}.$$

Cette dernière égalité fera connaître l'angle $C + \varphi$, et, par suite, l'angle C, en retranchant φ de $C + \varphi$.

Le côté c s'obtient au moyen de la formule fondamentale

$$\cos a = \cos b \cos c + \sin b \sin c \cos A.$$

On en déduit

$$\cos a = \cos b (\cos c + \operatorname{tang} b \cos A \sin c);$$

puis, faisant

$$\operatorname{tang} b \cos A = \cot\varphi = \frac{\cos\varphi}{\sin\varphi},$$

il vient

$$\cos a = \cos b \left(\cos c + \frac{\cos\varphi \sin c}{\sin\varphi}\right) = \frac{\cos b \sin(\varphi + c)}{\sin\varphi};$$

d'où

$$\sin(c + \varphi) = \frac{\cos a \sin\varphi}{\cos b}.$$

Cette dernière égalité donne $c + \varphi$, et, par conséquent, le côté c.

Pour la discussion de la question proposée, *voir* page 102.

3e CAS. *Étant donnés deux côtés* a, b, *et l'angle compris* C, *trouver* A, B, c.

Cherchons d'abord l'angle A. On a

$$\cot a \sin b = \cos b \cos C + \sin C \cot A;$$

d'où

$$\cot A = \frac{\cot a \sin b - \cos b \cos C}{\sin C} = \frac{\cot a}{\sin C}\left(\sin b - \frac{\cos C \cos b}{\cot a}\right).$$

Soit φ un angle auxiliaire tel que

$$\frac{\cos C}{\cot a} = \operatorname{tang}\varphi = \frac{\sin\varphi}{\cos\varphi},$$

l viendra

$$\cot A = \frac{\cot a}{\sin C}\left(\frac{\sin b \cos\varphi - \sin\varphi \cos b}{\cos\varphi}\right) = \frac{\cot a \sin(b-\varphi)}{\cos\varphi \sin C}.$$

On trouvera de même, pour l'angle B,

$$\cot B = \frac{\cot b \sin(a-\varphi)}{\cos\varphi \sin C},$$

n désignant par φ un angle déterminé par $\tang\varphi = \frac{\cos C}{\cot b}$.

Le côté c s'obtient par la relation

$$\cos c = \cos a \cos b + \sin a \sin b \cos C,$$

e laquelle on tire

$$\cos c = \cos a(\cos b + \sin b \tang a \cos C).$$

uis, en posant

$$\tang a \cos C = \cot\varphi = \frac{\cos\varphi}{\sin\varphi},$$

vient

$$\cos c = \frac{\cos a(\cos b \sin\varphi + \cos\varphi \sin b)}{\sin\varphi} = \frac{\cos a \sin(\varphi + b)}{\sin\varphi}.$$

4e CAS. *Etant donnés deux angles* A, B, *et le côté adjacent* c, *trouver* , b, C.

On déterminera le côté a par la formule

$$\cot a \sin c = \cos c \cos B + \sin B \cot A \text{ (page 81)};$$

où

$$\cot a = \frac{\cos c}{\sin c}\left(\cos B + \frac{\sin B \cot A}{\cos c}\right).$$

Soit

$$\frac{\cot A}{\cos c} = \cot\varphi = \frac{\cos\varphi}{\sin\varphi},$$

s'ensuivra

$$\cot a = \frac{\cos c \sin(B+\varphi)}{\sin c \sin\varphi} = \frac{\cot c \sin(B+\varphi)}{\sin\varphi}.$$

On trouvera de même

$$\cot b = \frac{\cot c \sin(A+\varphi)}{\sin\varphi},$$

posant $\frac{\cot B}{\cos c} = \cot\varphi$.

L'angle C s'obtiendra par la formule

$$\cos C = -\cos A \cos B + \sin A \sin B \cos c \text{ (page 82)},$$

où

$$\cos C = \cos A(-\cos B + \tang A \cos c \sin B);$$

et, en posant $\tang A \cos c = \cot \varphi = \frac{\cos \varphi}{\sin \varphi}$, on aura

$$\cos C = \cos A \left(-\cos B + \frac{\cos \varphi \sin B}{\sin \varphi} \right) = \frac{\cos A \sin (B - \varphi)}{\sin \varphi}.$$

5e CAS. *Étant donnés deux angles* A, B, *et le côté* a, *opposé à l'u d'eux, déterminer* b, c, C.

Le côté b s'obtient par la formule

$$\sin b = \frac{\sin a \sin B}{\sin A}.$$

La valeur du côté c résulte de la relation

$$\cot a \sin c = \cos c \cos B + \sin B \cot A,$$

de laquelle on déduit d'abord

$$\cot a \sin c - \cos c \cos B = \sin B \cot A;$$

$$\sin c - \frac{\cos B}{\cot a} \cos c = \frac{\sin B \cot A}{\cot a}.$$

Puis, en faisant $\frac{\cos B}{\cot a} = \tang \varphi = \frac{\sin \varphi}{\cos \varphi}$, on a

$$\sin c - \frac{\sin \varphi}{\cos \varphi} \cos c = \frac{\sin B \cot A}{\cot a};$$

d'où

$$\sin (c - \varphi) = \frac{\sin B \cot A \cot \varphi}{\cot a}.$$

Cette équation fera connaître $c - \varphi$, et, par suite, le côté c.

L'angle C se détermine par la formule

$$\cos A = -\cos B \cos C + \sin B \sin C \cos a,$$

qui donne

$$\sin C - \frac{\cot B}{\cos a} \cos C = \frac{\cos A}{\sin B \cos a}.$$

Soit

$$\frac{\cot B}{\cos a} = \tang \varphi = \frac{\sin \varphi}{\cos \varphi},$$

il viendra

$$\sin (C - \varphi) = \frac{\cos A \cos \varphi}{\sin B \cos a}.$$

La différence $C - \varphi$ étant ainsi déterminée, on aura l'angle C, en ajou-nt l'angle φ à cette différence.

6e cas. *Étant donnés les trois angles* A, B, C, *trouver les côtés* a, b, c.

La relation

$$\cos A = -\cos B \cos C + \sin B \sin C \cos a$$

nne

$$\cos a = \frac{\cos A + \cos B \cos C}{\sin B \sin C}.$$

Mais, pour obtenir des formules auxquelles le calcul logarithmique s'ap-ique plus facilement, nous chercherons les valeurs de $\sin\frac{a}{2}$, $\cos\frac{a}{2}$, $\tang\frac{a}{2}$.

On a

$$\sin\frac{a}{2} = \sqrt{\frac{1-\cos a}{2}} = \sqrt{\frac{\sin B \sin C - \cos B \cos C - \cos A}{2 \sin B \sin C}};$$

où

$$\sin\frac{a}{2} = \sqrt{\frac{-\cos(B+C) - \cos A}{2 \sin B \sin C}}.$$

,

$$\cos(B+C) + \cos A = 2\cos\frac{A+B+C}{2}\cos\frac{B+C-A}{2};$$

nc

$$\sin\frac{a}{2} = \sqrt{\frac{-\cos\frac{A+B+C}{2}\cos\frac{B+C-A}{2}}{\sin B \sin C}}.$$

On peut démontrer, d'après cette dernière formule, que la somme des is angles d'un triangle sphérique est plus grande que deux angles droits.

En effet, pour que $\sin\frac{a}{2}$ soit réel, il faut que le produit

$$-\cos\left(\frac{A+B+C}{2}\right)\cos\left(\frac{B+C-A}{2}\right)$$

t positif, car $\sin B \sin C$ est positif, puisque chacun des angles donnés B est supposé moindre que 180°.

Or les deux facteurs de ce produit ne peuvent être tous deux néga-s, parce qu'il en résulterait

$$\cos\frac{A+B+C}{2} + \cos\frac{B+C-A}{2} < 0, \quad \text{ou} \quad 2\sin\left(\frac{B+C}{2}\right)\sin\frac{A}{2} < 0,$$

inégalité impossible en ce que chacun des angles $\frac{B+C}{2}$ et $\frac{A}{2}$ est moindr que 180°.

On a donc

$$-\cos\frac{A+B+C}{2} > 0,$$

d'où

$$\cos\frac{A+B+C}{2} < 0, \quad A+B+C > 180°,$$

et

$$\cos\frac{B+C-A}{2} > 0, \quad B+C-A < 180°, \quad A+180° > B+C.$$

Par conséquent, *dans tout triangle sphérique, la somme des trois angl est plus grande que deux droits, et l'un de ces trois angles, augmen de deux droits, surpasse la somme des deux autres.*

Cela posé, désignons par $2S$ la différence $A+B+C-180°$, on au

$$\frac{A+B+C}{2} = S + 90°$$

et

$$\frac{B+C-A}{2} = S + 90° - A;$$

d'où

$$-\cos\frac{A+B+C}{2} = \sin S$$

et

$$\cos\frac{B+C-A}{2} = \sin(A-S),$$

et

$$\sin\frac{a}{2} = \sqrt{\frac{\sin S \sin(A-S)}{\sin B \sin C}}.$$

On trouvera de même

$$\cos\frac{a}{2} = \sqrt{\frac{\sin(B-S)\sin(C-S)}{\sin B \sin C}},$$

et

$$\tan\frac{a}{2} = \sqrt{\frac{\sin S \sin(A-S)}{\sin(B-S)\sin(C-S)}}.$$

Par un simple échange de lettres, on aura les formules qui déterminen les deux autres côtés b, c du triangle.

79. Nous devons faire observer que, au moyen du triangle supplémentaire, les trois derniers cas peuvent se ramener aux trois premiers, c'est-à-dire le 6e au 1er, le 5e au 2e, et le 4e au 3e.

La résolution des triangles sphériques peut être simplifiée au moyen des formules de *Delambre* et de *Neper*.

FORMULES DE DELAMBRE.

80. On sait qu'en posant $a+b+c=2p$, on a (page 87) :

$$\sin\frac{1}{2}A=\sqrt{\frac{\sin(p-b)\sin(p-c)}{\sin b\sin c}},\qquad \cos\frac{1}{2}A=\sqrt{\frac{\sin p\sin(p-a)}{\sin b\sin c}},$$

$$\sin\frac{1}{2}B=\sqrt{\frac{\sin(p-a)\sin(p-c)}{\sin a\sin c}},\qquad \cos\frac{1}{2}B=\sqrt{\frac{\sin p\sin(p-b)}{\sin a\sin c}},$$

$$\sin\frac{1}{2}C=\sqrt{\frac{\sin(p-a)\sin(p-b)}{\sin a\sin b}},\qquad \cos\frac{1}{2}C=\sqrt{\frac{\sin p\sin(p-c)}{\sin a\sin b}}.$$

Si dans les formules

$$\sin\frac{1}{2}(A\pm B)=\sin\frac{1}{2}A\cos\frac{1}{2}B\pm\cos\frac{1}{2}A\sin\frac{1}{2}B,$$

$$\cos\frac{1}{2}(A\pm B)=\cos\frac{1}{2}A\cos\frac{1}{2}B\mp\sin\frac{1}{2}A\sin\frac{1}{2}B,$$

on met les valeurs précédentes, il vient

$$\sin\frac{1}{2}(A\pm B)=\frac{\sin(p-b)\pm\sin(p-a)}{\sin c}\sqrt{\frac{\sin p\sin(p-c)}{\sin a\sin b}}$$
$$=\frac{\sin(p-b)\pm\sin(p-a)}{\sin c}\cos\frac{1}{2}C;$$

et

$$\cos\frac{1}{2}(A\pm B)=\frac{\sin p\mp\sin(p-c)}{\sin c}\sqrt{\frac{\sin(p-a)\sin(p-b)}{\sin a\sin b}}$$
$$=\frac{\sin p\mp\sin(p-c)}{\sin c}\sin\frac{1}{2}C.$$

D'ailleurs,

$$\sin(p-a)+\sin(p-b)=2\sin\frac{1}{2}c\cos\frac{1}{2}(a-b);$$

$$\sin(p-b)-\sin(p-a)=2\cos\frac{1}{2}c\sin\frac{1}{2}(a-b);$$

$$\sin p+\sin(p-c)=2\sin\frac{1}{2}(a+b)\cos\frac{1}{2}c;$$

$$\sin p-\sin(p-c)=2\cos\frac{1}{2}(a+b)\sin\frac{1}{2}c;$$

$$\sin c=2\sin\frac{1}{2}c\cos\frac{1}{2}c.$$

On obtient donc

$$(\alpha)\quad\left\{\begin{aligned}
\frac{\sin\frac{1}{2}(A+B)}{\cos\frac{1}{2}C} &= \frac{\cos\frac{1}{2}(a-b)}{\cos\frac{1}{2}c},\\
\frac{\sin\frac{1}{2}(A-B)}{\cos\frac{1}{2}C} &= \frac{\sin\frac{1}{2}(a-b)}{\sin\frac{1}{2}c},\\
\frac{\cos\frac{1}{2}(A+B)}{\sin\frac{1}{2}C} &= \frac{\cos\frac{1}{2}(a+b)}{\cos\frac{1}{2}c},\\
\frac{\cos\frac{1}{2}(A-B)}{\sin\frac{1}{2}C} &= \frac{\sin\frac{1}{2}(a+b)}{\sin\frac{1}{2}c}.
\end{aligned}\right.$$

Ces dernières formules ont été découvertes par Delambre.

FORMULES OU ANALOGIES DE NEPER.

81. En divisant la seconde des équations (α) (n° 80) par la 4e; puis la 1re par la 3e; la 2e par la 1re, et enfin la 4e par la 3e, il vient :

$$(1)\qquad \tang\frac{1}{2}(A-B) = \cot\frac{C}{2}\,\frac{\sin\frac{1}{2}(a-b)}{\sin\frac{1}{2}(a+b)},$$

$$(2)\qquad \tang\frac{1}{2}(A+B) = \cot\frac{C}{2}\,\frac{\cos\frac{1}{2}(a-b)}{\cos\frac{1}{2}(a+b)},$$

$$(3)\qquad \tang\frac{1}{2}(a-b) = \tang\frac{c}{2}\,\frac{\sin\frac{1}{2}(A-B)}{\sin\frac{1}{2}(A+B)},$$

$$(4)\qquad \tang\frac{1}{2}(a+b) = \tang\frac{c}{2}\,\frac{\cos\frac{1}{2}(A-B)}{\cos\frac{1}{2}(A+B)}.$$

Ces quatre relations sont les formules ou *analogies* de Neper.

82. On peut établir directement les formules de Neper par le calcul qui suit.

Une formule connue donne

$$\operatorname{tang}\frac{1}{2}(A-B)=\frac{\operatorname{tang}\frac{1}{2}A-\operatorname{tang}\frac{1}{2}B}{1+\operatorname{tang}\frac{1}{2}A\operatorname{tang}\frac{1}{2}B};$$

ou, parce que

$$\frac{\operatorname{tang}\frac{1}{2}(A-B)}{\cot\frac{C}{2}}=\operatorname{tang}\frac{1}{2}(A-B)\operatorname{tang}\frac{C}{2},$$

$$\frac{\operatorname{tang}\frac{1}{2}(A-B)}{\cot\frac{C}{2}}=\frac{\operatorname{tang}\frac{1}{2}A\operatorname{tang}\frac{1}{2}C-\operatorname{tang}\frac{1}{2}B\operatorname{tang}\frac{1}{2}C}{1+\operatorname{tang}\frac{1}{2}A\operatorname{tang}\frac{1}{2}B}.$$

Mais

$$\operatorname{tang}\frac{1}{2}A=\sqrt{\frac{\sin(p-b)\sin(p-c)}{\sin p\sin(p-a)}},$$

$$\operatorname{tang}\frac{1}{2}C=\sqrt{\frac{\sin(p-a)\sin(p-b)}{\sin p\sin(p-c)}};$$

donc

$$\operatorname{tang}\frac{1}{2}A\operatorname{tang}\frac{1}{2}C=\sqrt{\frac{\sin^2(p-b)}{\sin^2 p}}=\frac{\sin(p-b)}{\sin p}.$$

De même,

$$\operatorname{tang}\frac{1}{2}B\operatorname{tang}\frac{1}{2}C=\frac{\sin(p-a)}{\sin p},$$

$$\operatorname{tang}\frac{1}{2}A\operatorname{tang}\frac{1}{2}B=\frac{\sin(p-c)}{\sin p};$$

par conséquent

$$\frac{\operatorname{tang}\frac{1}{2}(A-B)}{\cot\frac{C}{2}}=\frac{\sin(p-b)-\sin(p-a)}{\sin p+\sin(p-c)}$$

$$=\frac{2\sin\frac{a-b}{2}\cos\frac{c}{2}}{2\sin\frac{a+b}{2}\cos\frac{c}{2}}=\frac{\sin\frac{a-b}{2}}{\sin\frac{a+b}{2}};$$

donc

(1) $$\operatorname{tang}\frac{1}{2}(A-B)=\cot\frac{C}{2}\frac{\sin\frac{1}{2}(a-b)}{\sin\frac{1}{2}(a+b)}.$$

La relation

$$\operatorname{tang}\frac{1}{2}(A+B)=\cot\frac{C}{2}\,\frac{\cos\frac{1}{2}(a-b)}{\cos\frac{1}{2}(a+b)}$$

s'obtient par un calcul entièrement semblable à celui qui précède.

En effet,

$$\frac{\operatorname{tang}\frac{1}{2}(A+B)}{\cot\frac{C}{2}}=\frac{\operatorname{tang}\frac{1}{2}A\operatorname{tang}\frac{1}{2}C+\operatorname{tang}\frac{1}{2}B\operatorname{tang}\frac{1}{2}C}{1-\operatorname{tang}\frac{1}{2}A\operatorname{tang}\frac{1}{2}B};$$

d'où

$$\frac{\operatorname{tang}\frac{1}{2}(A+B)}{\cot\frac{C}{2}}=\frac{\sin(p-b)+\sin(p-a)}{\sin p-\sin(p-c)}$$

$$=\frac{2\sin\frac{c}{2}\cos\frac{a-b}{2}}{2\sin\frac{c}{2}\cos\frac{a+b}{2}}=\frac{\cos\frac{a-b}{2}}{\cos\frac{a+b}{2}};$$

(2) $$\operatorname{tang}\frac{1}{2}(A+B)=\cot\frac{C}{2}\,\frac{\cos\frac{a-b}{2}}{\cos\frac{a+b}{2}}.$$

La formule (2) se déduit de la formule (1) par le calcul suivant. On a

$$\frac{\operatorname{tang}\frac{1}{2}(A+B)}{\operatorname{tang}\frac{1}{2}(A-B)}=\frac{\sin A+\sin B}{\sin A-\sin B}=\frac{\sin a+\sin b}{\sin a-\sin b}$$

$$=\frac{\sin\frac{1}{2}(a+b)\cos\frac{1}{2}(a-b)}{\sin\frac{1}{2}(a-b)\cos\frac{1}{2}(a+b)}.$$

Et, en remplaçant $\operatorname{tang}\frac{1}{2}(A-B)$ par sa valeur (1), il vient

(2) $$\operatorname{tang}\frac{1}{2}(A+B)=\cot\frac{C}{2}\,\frac{\cos\frac{(a-b)}{2}}{\cos\frac{(a+b)}{2}}.$$

Quant aux égalités

(3) $$\operatorname{tang}\frac{1}{2}(a-b)=\operatorname{tang}\frac{c}{2}\,\frac{\sin\frac{1}{2}(A-B)}{\sin\frac{1}{2}(A+B)},$$

(4) $$\operatorname{tang}\frac{1}{2}(a+b)=\operatorname{tang}\frac{c}{2}\,\frac{\cos\frac{1}{2}(A-B)}{\cos\frac{1}{2}(A+B)},$$

on les obtient immédiatement en appliquant les formules (1) et (2) au triangle supplémentaire du triangle ABC.

Car, soient A', B', C', les angles, et a', b', c', les côtés du triangle supplémentaire de ABC, on aura

$$a'=180^\circ-A,\quad b'=180^\circ-B;$$

par suite

$$\frac{1}{2}(a'+b')=180^\circ-\frac{1}{2}(A+B),\quad \text{et}\quad \sin\frac{1}{2}(a'+b')=\sin\frac{1}{2}(A+B).$$

On trouvera de même

$$\sin\frac{1}{2}(a'-b')=-\sin\frac{1}{2}(A-B),\quad \cot\frac{C'}{2}=\operatorname{tang}\frac{c}{2},$$

et

$$\operatorname{tang}\frac{1}{2}(A'-B')=-\operatorname{tang}\frac{1}{2}(a-b).$$

La formule

$$\operatorname{tang}\frac{1}{2}(A'-B')=\cot\frac{C'}{2}\,\frac{\sin\frac{1}{2}(a'-b')}{\sin\frac{1}{2}(a'+b')}$$

devient par conséquent

$$\operatorname{tang}\frac{1}{2}(a-b)=\operatorname{tang}\frac{c}{2}\,\frac{\sin\frac{1}{2}(A-B)}{\sin\frac{1}{2}(A+B)}.$$

L'égalité (4) s'obtient de même, en appliquant l'équation (2) au triangle supplémentaire.

83. Au reste, il est facile de démontrer les analogies de Neper au moyen d'une construction géométrique.

En effet, soit ABC (*fig.* 31) le triangle considéré. Je prends, sur le côté $CB=a$, l'arc $CD=CA=b$; puis, je divise en deux parties égales l'angle C par l'arc CP, qui rencontre, au point P, l'arc MP perpendiculaire sur le milieu M de DB. Le point P sera un des pôles du petit cercle qui passe par les points A, D, B; car l'égalité des triangles ACP, DCP, donne $PA=PD$; et d'ailleurs $PD=PB$.

De plus, l'angle $PBC=90^\circ-\frac{1}{2}(A-B)$; car, les angles PAB, PBA, étant égaux entre eux, on a

$$\text{PAC} - \text{PBC} = \text{A} - \text{B}, \quad \text{et} \quad \text{PAC} + \text{PBC} = 180°,$$

puisque

$$\text{PAC} = \text{PDC} \quad \text{et} \quad \text{PBC} = \text{PDB};$$

donc

$$\text{PBC} = 90° - \frac{1}{2}(\text{A} - \text{B}).$$

Enfin, le point M étant au milieu de DB, on a

$$\text{CM} = \frac{1}{2}(a + b), \quad \text{et} \quad \text{BM} = \frac{1}{2}(a - b).$$

Cela posé, les triangles rectangles PMC, PMB, donnent (page 83)

$$\cot \text{PCM} = \cot \text{PM} \sin \text{CM}, \quad \cot \text{PBM} = \cot \text{PM} \sin \text{BM};$$

on a donc

$$\frac{\cot \text{PBM}}{\cot \text{PCM}} = \frac{\sin \text{BM}}{\sin \text{CM}}, \quad \text{d'où} \quad \tang \frac{1}{2}(\text{A} - \text{B}) = \cot \frac{\text{C}}{2} \frac{\sin \frac{1}{2}(a - b)}{\sin \frac{1}{2}(a + b)}.$$

On sait que les trois autres analogies se déduisent de cette première.

Applications des analogies de Neper à la résolution des triangles sphériques.

84. Les analogies de Neper servent à simplifier la résolution des triangles sphériques en évitant l'emploi des angles auxiliaires. C'est ce que nous allons faire voir.

2e cas. *Étant donnés deux côtés* a, b, *et l'angle* A *opposé à l'un d'eux, déterminer* B, C, c.

On trouve d'abord l'angle B par la proportion

$$\frac{\sin \text{B}}{\sin \text{A}} = \frac{\sin b}{\sin a},$$

qui donne

$$\sin \text{B} = \frac{\sin \text{A} \sin b}{\sin a}. \tag{1}$$

On a ensuite (no 81)

$$\cot \frac{\text{C}}{2} = \frac{\tang \frac{1}{2}(\text{A} - \text{B}) \sin \frac{1}{2}(a + b)}{\sin \frac{1}{2}(a - b)} \tag{2}$$

et

$$\tang \frac{c}{2} = \frac{\tang \frac{1}{2}(a - b) \sin \frac{1}{2}(\text{A} + \text{B})}{\sin \frac{1}{2}(\text{A} - \text{B})}. \tag{3}$$

3e CAS. *Étant donnés deux côtés a, b, et l'angle compris* C, *trouver* A, B, c.

Les analogies donnent

$$\operatorname{tang}\frac{A+B}{2}=\cot\frac{C}{2}\,\frac{\cos\frac{1}{2}(a-b)}{\cos\frac{1}{2}(a+b)},$$

$$\operatorname{tang}\frac{A-B}{2}=\cot\frac{C}{2}\,\frac{\sin\frac{1}{2}(a-b)}{\sin\frac{1}{2}(a+b)}.$$

Ces égalités déterminent les valeurs de $\frac{A+B}{2}$, $\frac{A-B}{2}$, et, par suite, les valeurs de A, B.

Ces angles étant calculés, on obtiendra le côté c au moyen de l'égalité

$$\operatorname{tang}\frac{1}{2}(a-b)=\operatorname{tang}\frac{c}{2}\,\frac{\sin\frac{1}{2}(A-B)}{\sin\frac{1}{2}(A+B)}.$$

Le côté c peut encore se déterminer par la formule

$$\operatorname{tang}\frac{c}{2}=\sqrt{\frac{\sin S\sin(C-S)}{\sin(A-S)\sin(B-S)}}\quad\text{(page 94)}.$$

On voit que la question n'admet qu'une solution.

4e CAS. *Étant donnés deux angles* A, B, *avec le côté adjacent* c, *trouver* a, b, C.

On a

$$\operatorname{tang}\frac{1}{2}(a+b)=\operatorname{tang}\frac{c}{2}\,\frac{\cos\frac{1}{2}(A-B)}{\cos\frac{1}{2}(A+B)},$$

$$\operatorname{tang}\frac{1}{2}(a-b)=\operatorname{tang}\frac{c}{2}\,\frac{\sin\frac{1}{2}(A-B)}{\sin\frac{1}{2}(A+B)}.$$

Les côtés a, b, se trouvant ainsi déterminés, on aura l'angle C par l'égalité

$$\operatorname{tang}\frac{1}{2}(A-B)=\cot\frac{C}{2}\,\frac{\sin\frac{1}{2}(a-b)}{\sin\frac{1}{2}(a+b)}.$$

L'angle C peut d'ailleurs s'obtenir par la formule

$$\operatorname{tang}\frac{C}{2}=\sqrt{\frac{\sin(p-a)\sin(p-b)}{\sin p\sin(p-c)}}.$$

Chacune des trois inconnues a, b, C, n'admet, comme on voit, qu'une seule valeur.

5e CAS. *Étant donnés deux angles* A, B, *et le côté* a *opposé à l'un d'eux, trouver* b, c, C.

Le côté b s'obtient d'abord par la proportion

$$\frac{\sin b}{\sin a} = \frac{\sin B}{\sin A}.$$

Puis, on a

$$\tang \frac{c}{2} = \frac{\tang \frac{1}{2}(a - b) \sin \frac{1}{2}(A + B)}{\sin \frac{1}{2}(A - B)},$$

$$\cot \frac{C}{2} = \frac{\tang \frac{1}{2}(A - B) \sin \frac{1}{2}(a + b)}{\sin \frac{1}{2}(a - b)}.$$

Pour résoudre le triangle, lorsqu'on donne les trois côtés, ou les trois angles, on fera usage des formules indiquées (pages 87 et 94); aucun de ces deux cas ne peut admettre plus d'une solution.

Examen des cas douteux des triangles sphériques.

85. Le second et le cinquième cas de la résolution des triangles sphériques sont les seuls dans lesquels les formules employées pour résoudre le triangle ne déterminent pas immédiatement les valeurs des parties que l'on cherche. Une des parties inconnues s'obtenant par un sinus qui correspond à deux nombres de degrés supplémentaires l'un de l'autre, on ne voit pas d'abord lequel des deux convient à la question, ou s'ils conviennent tous deux, ou, enfin, si l'un et l'autre doivent être rejetés. C'est ce qu'il faut examiner.

Nous donnerons seulement ici la discussion du second cas, parce que celle du cinquième est entièrement semblable, et que, d'ailleurs, la résolution du cinquième cas se ramène à la résolution du second au moyen du triangle supplémentaire.

86. *Discussion du second cas.* Les données étant a, b, A, on a, pour déterminer les inconnues B, C, c, les trois équations

$$\sin B = \frac{\sin A \sin b}{\sin a}, \tag{1}$$

$$\cot \frac{C}{2} = \frac{\tang \frac{1}{2}(A - B) \sin \frac{1}{2}(a + b)}{\sin \frac{1}{2}(a - b)}, \tag{2}$$

$$\tang \frac{c}{2} = \frac{\tang \frac{1}{2}(a - b) \sin \frac{1}{2}(A + B)}{\sin \frac{1}{2}(A - B)}. \tag{3}$$

Je suppose d'abord $a = b$. On aura $A = B$, et les formules (2) et (3) donneront

$$\cot\frac{C}{2} = \frac{0}{0}, \quad \tang\frac{c}{2} = \frac{0}{0}.$$

Pour obtenir alors les valeurs de $\cot\frac{C}{2}$, $\tang\frac{c}{2}$, j'emploie les relations

$$\cos A = -\cos B\cos C + \sin B\sin C\cos a,$$
$$\cos a = \cos b\cos c + \sin b\sin c\cos A,$$

qui deviennent, dans l'hypothèse ($a = b$, $A = B$),

$$\cos A = -\cos A\cos C + \sin A\sin C\cos a,$$
$$\cos a = \cos a\cos c + \sin a\sin c\cos A.$$

De la première on déduit successivement

$$\cos A(1 + \cos C) = \sin A\sin C\cos a,$$
$$\cos A\cos\frac{C}{2} = \sin A\cos a\sin\frac{C}{2},$$

et

$$(4) \qquad \cot\frac{C}{2} = \tang A\cos a.$$

On trouve de même

$$(5) \qquad \tang\frac{c}{2} = \tang a\cos A \text{ (*)}.$$

Si l'on avait à la fois $a = b$, $A = 90°$, $a = 90°$, les formules (4) et (5) donneraient encore

$$\cot\frac{C}{2} = \frac{0}{0}, \quad \tang\frac{c}{2} = \frac{0}{0},$$

mais, dans ce cas, le problème est réellement indéterminé, comme il est facile de le reconnaître.

Si enfin, en supposant toujours que $a = b$, une seule des données A ou a est égale à 90°, on aura, d'après les formules (4), (5),

$$\cot\frac{C}{2} = \infty, \quad \text{ou} \quad \tang\frac{c}{2} = \infty; \quad \text{par suite,} \quad C = 0, \quad \text{ou} \quad c = 180°;$$

et la question n'admettra aucune solution. C'est encore ce qu'il est facile de vérifier par la Géométrie.

En écartant les deux hypothèses $A = 90°$, $a = 90°$, les valeurs de $\cot\frac{C}{2}$, $\tang\frac{c}{2}$ données par les équations (4) et (5) sont *déterminées, finies et différentes de zéro;* mais, pour qu'elles conviennent à la question, il faut encore qu'elles soient positives, car les valeurs de $\frac{C}{2}$, $\frac{c}{2}$ doivent être moindres que 90°, c'est-à-dire qu'il faut que A et a soient de même espèce. Cette

(*) Les formules (4) et (5) résultent des analogies (2) et (4), p. 96, dans lesquelles on suppose $a = b$.

condition est d'ailleurs suffisante pour que la question admette une solution.

Considérons, maintenant, le cas général où les côtés donnés a, b sont inégaux. On voit, par l'équation

$$(1) \qquad \sin B = \frac{\sin A \sin b}{\sin a},$$

que, si le rapport $\frac{\sin A \sin b}{\sin a}$ surpassait l'unité, l'angle B n'existerait pas; il n'y a donc lieu à discussion qu'autant que ce rapport est inférieur ou égal à l'unité. Admettons l'inégalité $\frac{\sin A \sin b}{\sin a} < 1$, les Tables donneront, pour l'angle cherché B, une valeur $B' < 90^\circ$. Mais, le supplément $180^\circ - B'$, ou B'' ayant le même sinus que B', il y aura deux angles B', B'', suppléments l'un de l'autre, correspondant à $\sin B$.

En remplaçant successivement B par B' et B'' dans les équations (2) et (3), il en résultera deux valeurs pour chacune des inconnues C, c. L'angle C et le côté c devant être moindres que 180°, il faudra que $\cot \frac{C}{2}$ et $\tang \frac{c}{2}$ aient des valeurs positives; d'où l'on conclura, d'après les formules (2) et (3), que les quantités $(A - B)$, $(a - b)$ doivent être, ou toutes deux positives, ou toutes deux négatives. Cette condition nécessaire est suffisante.

Or, le signe de $(a - b)$ est connu, puisqu'on donne les deux côtés a, b: il sera donc facile de reconnaître, dans chaque cas particulier, si les valeurs B', B'' conviennent à la question. La règle à suivre à cet égard est des plus simples. En effet, de l'angle donné A retranchez successivement chacun des angles B', B'', déterminés par l'équation $\sin B = \frac{\sin A \sin b}{\sin a}$, ce qui donnera les différences $A - B'$, $A - B''$. Si ces deux différences ont le signe de $a - b$, les angles B', B'' conviennent, l'un et l'autre, à la question; il y a alors deux solutions. Lorsqu'une seule des différences $A - B'$, $A - B''$, aura le signe de $a - b$, par exemple $A - B'$, la valeur B' de B conviendra, l'autre B'' devra être rejetée; le problème admettra une seule solution. Enfin, si aucune des différences $A - B'$, $A - B''$, n'a le signe de $a - b$, le problème n'admet aucune solution.

Pour montrer des applications de cette règle générale, supposons que l'angle donné A soit aigu; nous distinguerons trois cas :

$$b < 90^\circ, \quad b = 90^\circ, \quad b > 90^\circ.$$

1° $A < 90^\circ$, $b < 90^\circ$.

Lorsque a est moindre que b, la formule $\sin B = \frac{\sin A \sin b}{\sin a}$ donne $B' > A$. On a d'ailleurs

$$B'' > 90^\circ > A.$$

Les différences $A - B'$, $A - B''$, ont le signe de $a - b$. Il y a donc deux solutions.

Si $a > b$, on peut avoir

$$a + b < 180^\circ,\quad a + b = 180^\circ,\quad a + b > 180^\circ.$$

Soit $a + b < 180^\circ$, il en résulte

$$b < 180^\circ - a,\quad \sin b < \sin a;$$

et d'après l'équation (1), $B' < A$. La différence $A - B'$ a le signe de $a - b$; et par conséquent l'angle B' convient à la question. D'ailleurs, la valeur B'' doit être rejetée parce que $A - B''$, $a - b$ ont des signes contraires.

L'hypothèse $a + b = 180^\circ$ donne

$$B' = A,\quad A - B' = 0,\quad A - B'' < 0.$$

La question n'admet aucune solution. Il en est de même lorsque $a + b > 180^\circ$; car on a

$$b > 180^\circ - a,\quad \sin b > \sin a;$$

par suite,

$$\sin B' > \sin A,\quad \text{d'où}\quad B' > A,$$

et

$$A - B' < 0,\quad A - B'' < 0,$$

tandis que $a - b > 0$.

2° $A < 90^\circ$, $b = 90^\circ$.

La formule

$$\sin B = \frac{\sin A \sin b}{\sin a} \tag{1}$$

devient

$$\sin B = \frac{\sin A}{\sin a}.$$

Soit $a < b$, ou $a - b < 0$. L'équation (1) donne $B' > A$; on a donc

$$A - B' < 0,\quad A - B'' < 0;$$

il y a deux solutions.

Si $a > b$, ou $a - b > 0$, comme on a encore

$$A - B' < 0,\quad A - B'' < 0,$$

le triangle n'admettra aucune solution.

3° $A < 90^\circ$, $b > 90^\circ$.

Si $a < b$, on peut avoir

$$a + b < 180^\circ,\quad a + b = 180^\circ,\quad a + b > 180^\circ.$$

Lorsque $a + b < 180^\circ$, il en résulte $b < 180^\circ - a$, et parce que b est obtus, $\sin b > \sin a$; d'où

$$\sin B' > \sin A,\quad B' > A,\quad A - B' < 0,\quad A - B'' < 0.$$

Donc il y a deux solutions.

L'hypothèse $a + b = 180^\circ$ conduit à

$$A - B' = 0,\quad A - B'' < 0;$$

la valeur B′ doit être rejetée, la valeur B″ convient. Il y a alors une solution.

L'inégalité $a + b > 180^\circ$ donne

$$b > 180^\circ - a, \quad \sin b < \sin a, \quad \sin B' < \sin A,$$

et, par suite,

$$B' < A, \quad A - B' > 0.$$

Le triangle n'admettra donc qu'une seule solution déterminée par la valeur B″ de B.

Si l'on suppose $a > b$, on aura, puisque a et b surpassent 90°,

$$\sin a < \sin b, \quad \text{d'où} \quad \sin A < \sin B, \quad A < B';$$

il en résulte

$$A - B' < 0, \quad A - B'' < 0.$$

Le problème n'admettra aucune solution.

En discutant de même les deux hypothèses $A = 90^\circ$, $A > 90^\circ$, on pourra former le tableau suivant :

$A < 90^\circ$	$b < 90^\circ$	$a < b$	deux solutions.
		$a = b$	une solution.
		$a > b$, et $a + b < 180^\circ$	une solution.
		$a > b$, et $a + b = 180^\circ$, ou $a + b > 180^\circ$.	aucune.
	$b = 90^\circ$	$a < b$	deux solutions.
		$a = b$, ou $a > b$	aucune.
	$b > 90^\circ$	$a < b$, et $a + b < 180^\circ$	deux solutions.
		$a < b$, et $a + b = 180^\circ$, ou $a + b > 180^\circ$.	une solution.
		$a = b$, ou $a > b$	aucune.
$A = 90^\circ$	$b < 90^\circ$	$a < b$, ou $a = b$	aucune.
		$a > b$, et $a + b < 180^\circ$	une solution.
		$a > b$, et $a + b = 180^\circ$, ou $a + b > 180^\circ$.	aucune.
	$b = 90^\circ$	$a < b$, ou $a > b$	aucune.
		$a = b$	une infinité de solutions.
	$b > 90^\circ$	$a < b$, et $a + b > 180^\circ$	une solution.
		$a < b$, et $a + b < 180^\circ$, ou $a + b = 180^\circ$.	aucune.
		$a = b$, ou $a > b$	aucune.
$A > 90^\circ$	$b < 90^\circ$	$a < b$, ou $a = b$	aucune.
		$a > b$, et $a + b > 180^\circ$	deux solutions.
		$a > b$, et $a + b = 180^\circ$, ou $a + b < 180^\circ$.	une.
	$b = 90^\circ$	$a < b$, ou $a = b$	aucune.
		$a > b$	deux solutions.
	$b > 90^\circ$	$a < b$, et $a + b > 180^\circ$	une solution.
		$a < b$, et $a + b = 180^\circ$, ou $a + b < 180^\circ$.	aucune.
		$a = b$	une solution.
		$a > b$	deux solutions.

87. Les résultats compris dans ce tableau peuvent encore être vérifiés au moyen de quelques propositions de géométrie, que nous allons exposer.

1° Soit l'arc de grand cercle $AB < 90°$, et perpendiculaire à la circonférence BCB' (*fig.* 32). Cet arc AB est le plus petit qu'on puisse mener du point A à un point de la circonférence BCB', et, par suite, l'arc APB', supplément de AB, est le plus grand.

En effet, abaissons du point A une perpendiculaire AI sur le plan du cercle BCB'. Le point I tombera sur le rayon OB, entre les points O et B, puisque l'angle AOB est aigu. Menons encore par le point A un arc AC, à un point quelconque de BCB'. Dans le triangle rectiligne OCI, on aura $OC < OI + IC$, d'où $BI < CI$. Il en résulte que la corde AB est plus petite que la corde AC; donc l'arc AB est moindre que l'arc AC.

2° Les arcs obliques AC, AC', également éloignés de l'arc perpendiculaire AB ou AB', sont égaux entre eux.

Car les triangles sphériques rectangles BAC, BAC', ont un angle égal compris entre deux côtés égaux.

3° De deux arcs obliques AC, AD (*fig.* 33), qui s'écartent inégalement du plus petit des deux arcs perpendiculaires, AB, celui qui s'en éloigne le plus est le plus grand.

En effet, dans les triangles rectilignes OIC, OID, le côté IO est commun; d'ailleurs $OC = OD$, et l'angle $IOD > IOC$; donc, d'après une proposition connue, on a $ID > IC$. Il en résulte que la corde AD est plus grande que la corde AC et l'arc AD plus grand que l'arc AC.

Par conséquent, de deux arcs obliques AC, AD, qui s'écartent inégalement de l'arc perpendiculaire $AB' > 90°$, celui qui s'en éloigne le plus est le plus petit.

Maintenant supposons que l'on donne, dans un triangle sphérique, deux côtés a, b, et l'angle A opposé au premier.

Soient $A < 90°$ et $b < 90°$.

Sur un des côtés de l'angle $CAD = A$ (*fig.* 34), prenons $AC = b < 90°$, et du point C abaissons l'arc CD perpendiculaire au second côté de l'angle. L'arc perpendiculaire CD sera moindre que 90°, car il doit être de même espèce que l'angle A qui lui est opposé. Dans ce cas, l'arc CD est la plus courte distance du point C à la demi-circonférence ADA'; donc il faut, pour que la question admette une solution, que le côté a soit au moins égal à l'arc CD et au plus égal au supplément de CD. Or le triangle rectangle CAD donne $\sin CD = \sin A \sin b$. On doit donc avoir $\sin a > \sin A \sin b$, ou bien $\sin a = \sin A \sin b$, ce qui revient à $\frac{\sin A \sin b}{\sin a} < 1$, ou $\frac{\sin A \sin b}{\sin a} = 1$.

En supposant $\frac{\sin A \sin b}{\sin a} < 1$, il en résultera $a > CD$; et si, de plus, $a < CA$, il y aura entre les arcs CD, CA, un arc $CB'' = a$. Le triangle ACB'' ainsi déterminé satisfait évidemment aux conditions du problème.

Si l'on prend $DB' = DB''$; l'oblique $CB' = CB'' = a$, et le triangle ACB' contiendra de même les trois parties données. Ainsi, la question admettra deux solutions.

Mais, lorsque $a = CA = b$, le point B'' coïncide avec le point A; le triangle ACB″ cesse d'exister, et le problème n'admet plus qu'une seule solution ACB′.

Si l'on a $a > b$ et $a + b < 180°$, le point B″ sera situé sur le prolongement de l'arc DA, à l'autre côté du point A ; et le point B′ restera sur la partie DA′ de la demi-circonférence ADA′. Il y aura encore une solution.

Enfin, lorsque $a + b > 180°$, aucun des deux points B′, B″, ne pouvant se trouver sur la demi-circonférence ADA′, le problème n'admet aucune solution.

Toutes les autres hypothèses se discuteront de la même manière.

De quelques applications de la Trigonométrie sphérique.

88. *Connaissant les longitudes et les latitudes de deux points du globe trouver la distance de ces deux points.*

Soient A, C (*fig.* 35), les deux points considérés ; P le pôle boréal E′BE l'équateur. Supposons que la longitude occidentale se compte à partir du point B, dans le sens BIE′ ; et la longitude orientale, dans le sens BKE.

On connaîtra les nombres de degrés des arcs AI, BI, qui représentent la latitude et la longitude du point A ; et de même, les nombres de degrés des arcs CK, BK, latitude et longitude du point C.

Les compléments des latitudes boréales AI, CK, seront les côtés PA, PC du triangle sphérique PAC. De plus, l'angle APC aura pour mesure l'arc IBK, somme des deux longitudes BI, BK. Ainsi l'on connaîtra, dans le triangle sphérique APC, deux côtés PA, PC, et l'angle compris : on pourra donc calculer le nombre des degrés de l'arc de grand cercle AC, et évaluer la distance des points A, C.

Exemple.

On a, pour le point A	latitude boréale.....	AI	$= 57°18'30''$
	longitude occidentale.	BI	$= 12°31'40''$
Et, pour le point C...	latitude boréale.....	CK	$= 21°14'15''$
	longitude orientale...	BK	$= 10°48'10''$

Il en résulte

$$PA = 90° - AI = 32°41'30'' = c;$$
$$PC = 90° - CK = 68°45'45'' = a;$$
$$APC = BI + BK = 23°19'50'' = P.$$

L'inconnue AC, ou p, s'obtiendra par la formule

$$\cos p = \cos a \cos c + \sin a \sin c \cos P = \cos a (\cos c + \tang a \sin c \cos P).$$

Nommons φ un angle auxiliaire tel que $\tang a \cos P = \cot\varphi = \frac{\cos\varphi}{\sin\varphi}$.

Il viendra

$$(1) \qquad \cos p = \cos a \frac{\sin\varphi \cos c + \cos\varphi \sin c}{\sin\varphi} = \frac{\cos a \sin(c + \varphi)}{\sin\varphi}.$$

Calcul de l'angle φ.

$$\log\cot\varphi = \log\tan g a + \log\cos P - 10,$$

$\log\tan g a$	10,4104664
$\log\cos P$	9,9629540
$\log\cot\varphi$	10,3734204

$$\varphi = 22^\circ 56' 22'',9.$$

Calcul du nombre des degrés de AC *ou* p.

$$c + \varphi = 55^\circ 37' 52'',9.$$

$$\log\cos p = \log\sin(c+\varphi) + \log\cos a + C^t\log\sin\varphi - 10.$$

$\log\sin(c+\varphi)$	9,9166764
$\log\cos a$	9,5590441
$C^t\log\sin\varphi$	0,4092005
$\log\cos p$	9,8849210

$$p = 39^\circ 53' 41'',7.$$

Calcul de l'arc AC *en mètres.*

Le quart du méridien terrestre = 10 000 000 mètres.
En nommant x le nombre de mètres de l'arc AC, on aura

$$x = 10\,000\,000 \times \frac{39^\circ 53' 41'',7}{90^\circ};$$

d'où

$$x = 443^{\text{myriam}},2768, \text{ à 1 mètre d'approximation.}$$

89. *Réduire un angle à l'horizon.* — Soient OD, OE (*fig.* 36), les deux côtés d'un angle situé dans un plan DOE incliné à l'horizon; de deux points D, E, pris arbitrairement sur les côtés de cet angle, abaissez sur le plan horizontal MN les perpendiculaires DD′, EE′, et joignez les points D′, E′ au pied O′ de la perpendiculaire OO′, abaissée du sommet de l'angle sur le plan MN : l'angle D′O′E′, projection de DOE sur le plan horizontal, est ce qu'on nomme l'angle DOE *réduit à l'horizon*. C'est cet angle D′O′E′ qu'il s'agit de calculer, lorsque les angles DOE, DOO′, EOO′ sont connus.

Concevons une sphère décrite du point O comme centre, avec un rayon quelconque, pris pour unité. Les trois plans DOE, DOO′, EOO′ détermineront sur la sphère un triangle BCA, dont les côtés BC, CA, BA seront les mesures des angles donnés. L'angle A de ce triangle sera l'angle demandé. On déterminera l'angle A par la formule

$$\cos\frac{A}{2} = \sqrt{\frac{\sin p \sin(p-a)}{\sin b \sin c}};$$

d'où

$$\log\cos\frac{A}{2} = \frac{1}{2}[\log\sin p + \log\sin(p-a) + C^t\log\sin b + C^t\log\sin c].$$

Exemple. Soient

$DOE = 37^\circ 19' 40'' = a, \quad EOO' = 67^\circ 24' 25'' = b, \quad DOO' = 53^\circ 42' 35'' = c.$

Il en résultera

$$a + b + c = 2p = 158^\circ 26' 40'',$$

et

$$p = 79^\circ 13' 20'', \quad (p - a) = 41^\circ 53' 40''.$$

Calcul de l'angle A.

$\log\sin 79^\circ 13' 20''$	9,9922706
$\log\sin 41^\circ 53' 40''$	9,8246206
$C^t \log\sin 67^\circ 24' 25''$	0,0346775
$C^t \log\sin 53^\circ 42' 35''$	0,0936494
Somme.........	19,9452181
$\log\cos \frac{A}{2}$	9,9726090

$$\frac{A}{2} = 20^\circ 8' 10''.$$

$$A = 40^\circ 16' 20''.$$

90. *Connaissant les trois angles plans d'un angle solide trièdre, déterminer l'inclinaison de chacune de ses arêtes sur le plan des deux autres.*

Soient OD, OE, OF, les trois arêtes du trièdre considéré, et A, B, C, les points où ces arêtes sont coupées par une sphère ayant son centre au sommet O du trièdre, et pour rayon l'unité. Les angles plans que forment les droites OD, OE, OF, ou les rayons OA, OB, OC, ont évidemment pour mesures les côtés a, b, c du triangle sphérique ABC, et les dièdres de l'angle solide dont il s'agit sont égaux aux angles A, B, C de ce triangle.

L'inclinaison de l'arête OA, sur le plan OBC des deux autres arêtes, est mesurée par un arc de grand cercle AA', perpendiculaire à l'arc BC, et mené par le point A. Or, le triangle sphérique rectangle AA'B donne

$$\sin AA' = \sin AB \sin B \quad \text{(page 83)},$$

ou, en posant $AA' = a'$,

$$\sin a' = \sin c \sin B = 2 \sin c \sin \frac{1}{2} B \cos \frac{1}{2} B;$$

et l'on sait que

$$\sin \frac{1}{2} B = \sqrt{\frac{\sin(p-a)\sin(p-c)}{\sin a \sin c}}$$

et

$$\cos \frac{1}{2} B = \sqrt{\frac{\sin p \sin(p-b)}{\sin a \sin c}} \quad \text{(page 87)};$$

donc

$$(1) \qquad \sin a' = \frac{2}{\sin a} \sqrt{\sin p \sin(p-a)\sin(p-b)\sin(p-c)}.$$

En nommant b', c' les inclinaisons des arêtes OB, OC, sur les plans

OAC, OAB, on aura de même

(2) $$\sin b' = \frac{2}{\sin b}\sqrt{\sin p \sin(p-a)\sin(p-b)\sin(p-c)},$$

et

(3) $$\sin c' = \frac{2}{\sin c}\sqrt{\sin p \sin(p-a)\sin(p-b)\sin(p-c)}.$$

Ces trois formules répondent à la question proposée.

Les relations (1), (2), (3) donnent

$$\sin a \sin a' = \sin b \sin b' = \sin c \sin c',$$

c'est-à-dire que *les produits obtenus en multipliant les sinus des côtés d'un triangle sphérique par les sinus des hauteurs qui leur correspondent sont égaux entre eux.*

91. *On donne les trois arêtes contiguës* OA, OB, OC *d'un tétraèdre* OABC, *et les angles que ces arêtes forment deux à deux; déterminer le volume du tétraèdre.*

Soient :

α, β, γ, les valeurs des arêtes OA, OB, OC;
a, b, c, les angles donnés BOC, AOC, AOB;
$2p$, la somme $a+b+c$ de ces angles;
a', l'angle de l'arête OA et du plan BOC;
h, la perpendiculaire abaissée du point A sur le plan BOC;
v, le volume du tétraèdre.

En prenant pour base le triangle OBC, et, par conséquent, pour sommet du tétraèdre le point A, on aura d'abord

$$v = \frac{1}{3}\,\text{OBC} \times h;$$

ou, parce que l'aire du triangle OBC est égale à $\frac{1}{2}\beta\gamma \sin a$,

$$v = \frac{1}{6}\beta\gamma \sin a \times h.$$

Mais,

$$h = \alpha \sin a',$$

et

$$\sin a' = \frac{2}{\sin a}\sqrt{\sin p \sin(p-a)\sin(p-b)\sin(p-c)} \quad (\text{n}^\circ\ 90);$$

donc

(1) $$v = \frac{1}{3}\alpha\beta\gamma\sqrt{\sin p \sin(p-a)\sin(p-b)\sin(p-c)},$$

égalité qui détermine le volume du tétraèdre, en fonction de trois arêtes contiguës et des angles qu'elles forment.

Si l'on désigne par v' le volume du parallélipipède construit sur les trois arêtes OA, OB, OC, on aura $v' = v \times 6$, et, par suite,

$$(2) \qquad v' = 2\alpha\beta\gamma\sqrt{\sin p \sin(p-a)\sin(p-b)\sin(p-c)}.$$

Quand les angles a, b, c sont droits, on a

$$\sin p = \sin 135^\circ = \frac{1}{2}\sqrt{2},$$

et

$$\sin(p-a) = \sin(p-b) = \sin(p-c) = \sin 45^\circ = \frac{1}{2}\sqrt{2}.$$

Dans ce cas, l'égalité (2) devient $v' = \alpha\beta\gamma$; ce qui doit être puisque le parallélipipède considéré est, alors, un parallélipipède rectangle.

92. *Trouver le volume d'un tétraèdre connaissant trois arêtes contiguës α, β, γ du tétraèdre, et les trois dièdres formés par les plans de ces arêtes considérées deux à deux.*

La question peut être résolue par une transformation de la formule (1) du numéro précédent.

Nommons A, B, C les dièdres opposés aux faces a, b, c de l'angle solide déterminé par les arêtes α, β, γ.

Les quantités A, B, C, a, b, c auront entre elles toutes les relations qui existent entre les angles et les côtés d'un triangle sphérique; donc

$$\sin\frac{A}{2} = \sqrt{\frac{\sin(p-b)\sin(p-c)}{\sin b \sin c}} \quad \text{et} \quad \cos\frac{A}{2} = \sqrt{\frac{\sin p \sin(p-a)}{\sin b \sin c}},$$

et par suite

$$\sqrt{\sin p \sin(p-a)\sin(p-b)\sin(p-c)} = \sin b \sin c \sin\frac{A}{2}\cos\frac{A}{2}$$
$$= \frac{1}{2}\sin b \sin c \sin A.$$

En remplaçant ce radical par sa valeur $\frac{1}{2}\sin b \sin c \sin A$, l'égalité (1) du n° 91 devient

$$(2) \qquad v = \frac{1}{6}\alpha\beta\gamma \sin b \sin c \sin A,$$

ou, parce que

$$\sin b = \frac{\sin a \sin B}{\sin A} \quad \text{et} \quad \sin c = \frac{\sin a \sin C}{\sin A},$$

$$(3) \qquad v = \frac{1}{6}\alpha\beta\gamma\frac{\sin B \sin C}{\sin A} \times \sin^2 a = \frac{2}{3}\alpha\beta\gamma\frac{\sin B \sin C}{\sin A}\sin^2\frac{a}{2}\cos^2\frac{a}{2}.$$

De plus, en désignant par $2S$ la différence $A + B + C - 180^\circ$, on a (page 94)

$$\sin^2\frac{a}{2} = \frac{\sin S \sin(A-S)}{\sin B \sin C} \quad \text{et} \quad \cos^2\frac{a}{2} = \frac{\sin(B-S)\sin(C-S)}{\sin B \sin C};$$

la substitution de ces valeurs de $\sin^2 \frac{a}{2}$, $\cos^2 \frac{a}{2}$ transforme l'égalité (3) en celle-ci :

$$(4) \qquad v = \frac{2}{3}\alpha\beta\gamma \frac{\sin S \sin(A-S)\sin(B-S)\sin(C-S)}{\sin A \sin B \sin C};$$

qui donne le volume du tétraèdre en fonction des trois arêtes α, β, γ, et des trois angles dièdres A, B, C.

93. *Déterminer l'aire d'un triangle sphérique dont on donne les trois côtés.*

On sait que l'aire d'un triangle sphérique s'exprime, au moyen des angles A, B, C de ce triangle, par la formule

$$2S = A + B + C - 180^\circ;$$

de là on tire

$$\frac{A+B}{2} = 90^\circ - \left(\frac{C}{2} - S\right).$$

Et, en remplaçant $\frac{A+B}{2}$ par cette valeur dans les deux formules

$$\frac{\sin\frac{A+B}{2}}{\cos\frac{C}{2}} = \frac{\cos\frac{a-b}{2}}{\cos\frac{c}{2}}, \quad \frac{\cos\frac{A+B}{2}}{\sin\frac{C}{2}} = \frac{\cos\frac{a+b}{2}}{\cos\frac{c}{2}}$$ (page 96), il vient

$$(1) \qquad \frac{\cos\left(\frac{C}{2} - S\right)}{\cos\frac{C}{2}} = \frac{\cos\frac{a-b}{2}}{\cos\frac{c}{2}},$$

et

$$(2) \qquad \frac{\sin\left(\frac{C}{2} - S\right)}{\sin\frac{C}{2}} = \frac{\cos\frac{a+b}{2}}{\cos\frac{c}{2}}.$$

On déduit successivement de l'équation (1) :

$$\frac{\cos\left(\frac{C}{2} - S\right) - \cos\frac{C}{2}}{\cos\left(\frac{C}{2} - S\right) + \cos\frac{C}{2}} = \frac{\cos\frac{a-b}{2} - \cos\frac{c}{2}}{\cos\frac{a-b}{2} + \cos\frac{c}{2}},$$

$$\frac{\sin\frac{C-S}{2}\sin\frac{S}{2}}{\cos\frac{C-S}{2}\sin\frac{S}{2}}=\frac{\sin\frac{a+c-b}{4}\sin\frac{b+c-a}{4}}{\cos\frac{a+c-b}{4}\cos\frac{b+c-a}{4}},$$

$$(3)\qquad \tang\frac{C-S}{2}\tang\frac{S}{2}=\tang\frac{p-b}{2}\tang\frac{p-a}{2}.$$

L'équation (2) donne, par une transformation analogue,

$$(4)\qquad \cot\frac{C-S}{2}\tang\frac{S}{2}=\tang\frac{p}{2}\tang\frac{p-c}{2}.$$

Multipliant, membre à membre, les équations (3) et (4), et extrayant la racine carrée du résultat, on obtient

$$(5)\qquad \tang\frac{S}{2}=\sqrt{\tang\frac{p}{2}\tang\frac{p-a}{2}\tang\frac{p-b}{2}\tang\frac{p-c}{2}}.$$

Cette formule très-remarquable, qui détermine l'aire d'un triangle sphérique en fonction des trois côtés du triangle, est due à *Simon Lhuillier* (*). L'égalité (5) montre que, de tous les triangles sphériques de même périmètre, celui dont la surface est la plus grande a ses trois côtés a, b, c égaux entre eux.

94. On peut aussi trouver les valeurs des sinus et cosinus des angles S, $\frac{S}{2}$, en fonction des côtés, par le calcul suivant.

Les équations

$$\frac{\cos\left(\frac{C}{2}-S\right)}{\cos\frac{C}{2}}=\frac{\cos\frac{a-b}{2}}{\cos\frac{c}{2}}\quad\text{et}\quad\frac{\sin\left(\frac{C}{2}-S\right)}{\sin\frac{C}{2}}=\frac{\cos\frac{a+b}{2}}{\cos\frac{c}{2}}\ (\text{n}^\circ\ 93)$$

(*) La démonstration que nous avons donnée de la formule de Simon Lhuillier nous a été communiquée par M. Prouhet.

deviennent, en développant $\cos\left(\frac{C}{2} - S\right)$, $\sin\left(\frac{C}{2} - S\right)$, $\cos\frac{a-b}{2}$; $\cos\frac{a+b}{2}$:

$$(1)\qquad \cos\frac{C}{2}\cos S + \sin\frac{C}{2}\sin S = \frac{\left(\cos\frac{a}{2}\cos\frac{b}{2} + \sin\frac{a}{2}\sin\frac{b}{2}\right)\cos\frac{C}{2}}{\cos\frac{c}{2}},$$

$$(2)\qquad \sin\frac{C}{2}\cos S - \cos\frac{C}{2}\sin S = \frac{\left(\cos\frac{a}{2}\cos\frac{b}{2} - \sin\frac{a}{2}\sin\frac{b}{2}\right)\sin\frac{C}{2}}{\cos\frac{c}{2}}.$$

Si, après avoir multiplié respectivement ces deux dernières équations par $\sin\frac{C}{2}$ et $\cos\frac{C}{2}$, on retranche la seconde de la première, il viendra

$$(3)\qquad \sin S = \frac{\sin\frac{a}{2}\sin\frac{b}{2}\sin C}{\cos\frac{c}{2}};$$

d'où, en remplaçant $\sin C$ par sa valeur

$$\frac{2\sqrt{\sin p \sin(p-a)\sin(p-b)\sin(p-c)}}{\sin a \sin b},$$

et observant que $\sin a \sin b = 4\sin\frac{a}{2}\sin\frac{b}{2}\cos\frac{a}{2}\cos\frac{b}{2}$:

$$(4)\qquad \sin S = \frac{\sqrt{\sin p \sin(p-a)\sin(p-b)\sin(p-c)}}{2\cos\frac{a}{2}\cos\frac{b}{2}\cos\frac{c}{2}}.$$

Pour trouver l'expression de $\cos S$, on additionnera les équations (1) et (2) multipliées respectivement par $\cos\frac{C}{2}$ et $\sin\frac{C}{2}$; ce qui donnera d'abord

$$(5)\qquad \cos S = \frac{\cos\frac{a}{2}\cos\frac{b}{2} + \sin\frac{a}{2}\sin\frac{b}{2}\cos C}{\cos\frac{c}{2}}.$$

Puis, on remplacera $\cos C$ par sa valeur $\frac{\cos c - \cos a \cos b}{\sin a \sin b}$, qui peut s'écrire ainsi : $\frac{\cos c - \cos a \cos b}{4\sin\frac{a}{2}\sin\frac{b}{2}\cos\frac{a}{2}\cos\frac{b}{2}}$. Au moyen de cette substitution, l'équa-

8.

tion (5) devient

$$\cos S = \frac{\cos\frac{a}{2}\cos\frac{b}{2} + \dfrac{\cos c - \cos a \cos b}{4\cos\frac{a}{2}\cos\frac{b}{2}}}{\cos\frac{c}{2}} = \frac{4\cos^2\frac{a}{2}\cos^2\frac{b}{2} + \cos c - \cos a \cos b}{4\cos\frac{a}{2}\cos\frac{b}{2}\cos\frac{c}{2}},$$

ou, parce que $2\cos^2\frac{a}{2} = 1 + \cos a$, et $2\cos^2\frac{b}{2} = 1 + \cos b$:

$$\cos S = \frac{(1+\cos a)(1+\cos b) + \cos c - \cos a \cos b}{4\cos\frac{a}{2}\cos\frac{b}{2}\cos\frac{c}{2}},$$

équation qui se réduit à

$$(6) \qquad \cos S = \frac{1 + \cos a + \cos b + \cos c}{4\cos\frac{a}{2}\cos\frac{b}{2}\cos\frac{c}{2}}.$$

Les valeurs de $\sin\frac{S}{2}$, $\cos\frac{S}{2}$ se déduisent des égalités

$$(7) \qquad \tang\frac{S}{2} = \sqrt{\tang\frac{p}{2}\tang\frac{p-a}{2}\tang\frac{p-b}{2}\tang\frac{p-c}{2}}$$

et

$$(4) \qquad \sin S = \frac{\sqrt{\sin p \sin(p-a)\sin(p-b)\sin(p-c)}}{2\cos\frac{a}{2}\cos\frac{b}{2}\cos\frac{c}{2}}.$$

En effet, l'égalité (4) revient à

$$(8) \quad \left\{ \begin{aligned} &\sin\frac{S}{2}\cos\frac{S}{2} \\ &= \frac{\sqrt{\left(\sin\frac{p}{2}\sin\frac{p-a}{2}\sin\frac{p-b}{2}\sin\frac{p-c}{2}\right)\left(\cos\frac{p}{2}\cos\frac{p-a}{2}\cos\frac{p-b}{2}\cos\frac{p-c}{2}\right)}}{\cos\frac{a}{2}\cos\frac{b}{2}\cos\frac{c}{2}} \end{aligned} \right.$$

la multiplication des équations (7) et (8) donne

$$\sin^2\frac{S}{2} = \frac{\sin\frac{p}{2}\sin\frac{p-a}{2}\sin\frac{p-b}{2}\sin\frac{p-c}{2}}{\cos\frac{a}{2}\cos\frac{b}{2}\cos\frac{c}{2}};$$

et en divisant, membre à membre, l'équation (8) par l'équation (7), il vient

$$\cos^2\frac{S}{2} = \frac{\cos\frac{p}{2}\cos\frac{p-a}{2}\cos\frac{p-b}{2}\cos\frac{p-c}{2}}{\cos\frac{a}{2}\cos\frac{b}{2}\cos\frac{c}{2}}.$$

On a donc

(9) $$\sin\frac{S}{2} = \sqrt{\frac{\sin\frac{p}{2}\sin\frac{p-a}{2}\sin\frac{p-b}{2}\sin\frac{p-c}{2}}{\cos\frac{a}{2}\cos\frac{b}{2}\cos\frac{c}{2}}},$$

(10) $$\cos\frac{S}{2} = \sqrt{\frac{\cos\frac{p}{2}\cos\frac{p-a}{2}\cos\frac{p-b}{2}\cos\frac{p-c}{2}}{\cos\frac{a}{2}\cos\frac{b}{2}\cos\frac{c}{2}}}.$$

95. *Remarque.* Les formules du numéro précédent indiquent le moyen de calculer l'aire d'un triangle sphérique, connaissant deux côtés a, b de ce triangle et l'angle compris C.

Car, en divisant, membre à membre, l'équation (5) par l'équation (3), on obtient

$$\cot S = \frac{\cot\frac{a}{2}\cot\frac{b}{2} + \cos C}{\sin C}.$$

Il résulte de cette dernière formule qu'*il suffit de connaître un angle* C *d'un triangle sphérique et le produit des cotangentes, ou des tangentes, des moitiés des côtés qui comprennent cet angle, pour qu'il soit possible de déterminer l'aire du triangle; en supposant, toutefois, que le rayon de la sphère à laquelle appartient le triangle sphérique considéré soit donné.*

On voit, par la même formule, que *deux triangles sphériques appartenant à des sphères égales sont équivalents lorsqu'ils ont un angle égal compris entre des côtés tels que, dans l'un des triangles, les cotangentes des moitiés de ces côtés sont réciproquement proportionnelles aux cotangentes des moitiés des deux côtés de l'autre triangle.* Il est clair, en effet, que la valeur de cot S sera la même pour les deux triangles, et que l'angle S étant moindre que deux angles droits est complétement déterminé par sa cotangente.

Lorsque l'angle C est droit, la formule

$$\cot S = \frac{\cot\frac{a}{2}\cot\frac{b}{2} + \cos C}{\sin C}$$

se réduit à

$$\cot S = \cot\frac{a}{2}\cot\frac{b}{2},$$

égalité qui détermine l'aire d'un triangle sphérique rectangle, connaissant les côtés de l'angle droit, ou seulement le produit des cotangentes des moitiés de ces côtés.

EXERCICES.

96. FORMULES A DÉMONTRER (*).

Notations.

α, β, γ,	médianes d'un triangle sphérique;
h, h', h'',	hauteurs;
m, n, o,	lignes joignant les milieux des côtés;
ρ,	rayon (sphérique) du cercle circonscrit;
r, r', r'', r''',	rayons des cercles inscrit et ex-inscrits;
$2S$,	surface du triangle.

Ces notations admises, on a les formules suivantes :

$$(1)\qquad \cos\alpha = \frac{\cos\frac{b+c}{2}\cos\frac{b-c}{2}}{\cos\frac{a}{2}},$$

$$(2)\qquad \cos m = \frac{1+\cos a+\cos b+\cos c}{4\cos\frac{b}{2}\cos\frac{c}{2}},$$

$$(3)\qquad \cos m = \cos S\cos\frac{a}{2},$$

$$(4)\qquad \cos m\cos n\cos o = \cos\frac{a}{2}\cos\frac{b}{2}\cos\frac{c}{2}\cos^3 S,$$

$$(5)\qquad \sin h = \frac{2\sqrt{\sin p\sin(p-a)\sin(p-b)\sin(p-c)}}{\sin a};$$

$$(6)\qquad \sin a\sin h = \sin b\sin h' = \sin c\sin h'',$$

$$(7)\qquad \sin S = \frac{\sin a\sin h}{4\cos\frac{a}{2}\sin\frac{b}{2}\cos\frac{c}{2}},$$

$$(8)\qquad \tang\rho = \frac{4\sin\frac{a}{2}\sin\frac{b}{2}\sin\frac{c}{2}}{\sqrt{\sin p\sin(p-a)\sin(p-b)\sin(p-c)}},$$

$$(9)\qquad \tang\rho\sin S = 2\tang\frac{a}{2}\tang\frac{b}{2}\tang\frac{c}{2},$$

$$(10)\qquad \frac{\tang\frac{a}{2}}{\sin(S-A)} = \frac{\tang\frac{b}{2}}{\sin(S-B)} = \frac{\tang\frac{c}{2}}{\sin(S-C)} = \tang\rho,$$

(*) Ces formules nous ont été communiquées par M. Prouhet.

(11) $$\operatorname{tang}\frac{A}{2}\sin(p-a)=\operatorname{tang}\frac{B}{2}\sin(p-b)=\operatorname{tang}\frac{C}{2}\sin(p-c)=\operatorname{tang}r,$$

(12) $$\operatorname{tang}r=\sqrt{\frac{\sin(p-a)\sin(p-b)\sin(p-c)}{\sin p}},$$

(13) $$\operatorname{tang}r=\frac{2\sin S\cos\frac{a}{2}\cos\frac{b}{2}\cos\frac{c}{2}}{\sin p},$$

(14) $$\operatorname{tang}r'=\frac{2\sin(A-S)\cos\frac{a}{2}\sin\frac{b}{2}\sin\frac{c}{2}}{\sin(p-a)},$$

(15) $$\operatorname{tang}r'=\frac{\sqrt{\sin p\sin(p-a)\sin(p-b)\sin(p-c)}}{\sin(p-a)},$$

(16) $$\operatorname{tang}r\operatorname{tang}r'\operatorname{tang}r''\operatorname{tang}r'''=\sin p\sin(p-a)\sin(p-b)\sin(p-c).$$

a, b, c, d, e, f étant les côtés et les diagonales d'un quadrilatère sphérique, et g la ligne qui joint les milieux des deux diagonales, on a

(17) $$\cos a+\cos b+\cos c+\cos d=4\cos\frac{e}{2}\cos\frac{f}{2}\cos g.$$

AA′, BB′, CC′ étant les arcs de grand cercle qui partagent un triangle sphérique, chacun, en deux parties équivalentes, ces arcs se coupent en un point O, et l'on a

(18) $$\frac{\operatorname{tang}\frac{1}{2}OA'}{\operatorname{tang}\frac{1}{2}OA}=\frac{\operatorname{tang}\frac{1}{2}OB'}{\operatorname{tang}\frac{1}{2}OB}=\frac{\operatorname{tang}\frac{1}{2}OC'}{\operatorname{tang}\frac{1}{2}OC}.$$

ABCDEF étant un hexagone sphérique inscrit, si l'on désigne par ABC, BCD, ..., les aires des triangles ABC, BCD, ..., on aura

(19) $$\frac{\sin ABC\sin CDE\sin EFA}{\sin BCD\sin DEF\sin FAB}=\frac{\sin ACE}{\sin BDF}.$$

On aura, dans le même hexagone,

(20) $$\left\{\begin{aligned}&\sin\tfrac{1}{2}AD\sin\tfrac{1}{2}BE\sin\tfrac{1}{2}CF=\sin\tfrac{1}{2}AB\sin\tfrac{1}{2}ED\sin\tfrac{1}{2}CF\\&+\sin\tfrac{1}{2}BC\sin\tfrac{1}{2}EF\sin\tfrac{1}{2}AD+\sin\tfrac{1}{2}CD\sin\tfrac{1}{2}FA\sin\tfrac{1}{2}BE\\&+\sin\tfrac{1}{2}AB\sin\tfrac{1}{2}CD\sin\tfrac{1}{2}EF+\sin\tfrac{1}{2}BC\sin\tfrac{1}{2}DE\sin\tfrac{1}{2}FA.\end{aligned}\right.$$

CHAPITRE V.

FORMULE DE MOIVRE ET SES APPLICATIONS. — RÉSOLUTION DE L'ÉQUATION DU TROISIÈME DEGRÉ, AU MOYEN DES TABLES TRIGONOMÉTRIQUES.

Formule de Moivre et ses applications.

97. La formule de *Moivre* consiste dans l'égalité suivante :

$$(1) \qquad \left(\cos a + \sqrt{-1}\sin a\right)^m = \cos ma + \sqrt{-1}\sin ma,$$

qui exprime qu'on élève le binôme $\cos a + \sqrt{-1}\sin a$ à une puissance quelconque, en multipliant l'arc a par l'exposant m de la puissance.

Pour démontrer cette formule, considérons d'abord le cas particulier où l'exposant m est un nombre entier et positif.

La multiplication de $\cos a + \sqrt{-1}\sin a$ par $\cos b + \sqrt{-1}\sin b$ donne pour produit

$$\cos a\cos b - \sin a\sin b + \sqrt{-1}\,(\sin a\cos b + \sin b\cos a),$$

ou

$$\cos(a+b) + \sqrt{-1}\sin(a+b).$$

Si l'on multiplie le produit obtenu par un nouveau facteur de la même forme, $\cos c + \sqrt{-1}\sin c$, on trouvera

$$\cos(a+b+c) + \sqrt{-1}\sin(a+b+c),$$

et ainsi de suite, quel que soit le nombre des facteurs.

Par conséquent, lorsque les facteurs deviennent égaux entre eux et sont en nombre m, on a

$$\left(\cos a + \sqrt{-1}\sin a\right)^m = \cos ma + \sqrt{-1}\sin ma.$$

La formule est ainsi démontrée pour le cas où l'exposant m est un nombre entier et positif.

Supposons actuellement que l'exposant soit un nombre fractionnaire positif $\frac{1}{m}$, dont le numérateur est l'unité, et le dénominateur un nombre entier et positif.

On aura, d'après ce qui précède,

$$\left(\cos\frac{a}{m} + \sqrt{-1}\sin\frac{a}{m}\right)^m = \cos a + \sqrt{-1}\sin a,$$

ou, en extrayant la racine $m^{ième}$,

$$(2) \qquad \left(\cos a + \sqrt{-1}\sin a\right)^{\frac{1}{m}} = \cos\frac{a}{m} + \sqrt{-1}\sin\frac{a}{m}.$$

Cette dernière égalité vérifie la formule de Moivre, pour le cas où l'exposant a la forme $\frac{1}{m}$.

Si l'exposant de la puissance considérée est une expression fractionnaire, $\frac{n}{m}$, dont les deux termes n, m, soient des nombres entiers quelconques positifs, on aura encore l'égalité

$$(3) \qquad \left(\cos a + \sqrt{-1}\sin a\right)^{\frac{n}{m}} = \cos\frac{na}{m} + \sqrt{-1}\sin\frac{na}{m}.$$

En effet,

$$\begin{aligned}\left(\cos a + \sqrt{-1}\sin a\right)^{\frac{n}{m}} &= \sqrt[m]{\left(\cos a + \sqrt{-1}\sin a\right)^n} \\ &= \sqrt[m]{\cos na + \sqrt{-1}\sin na};\end{aligned}$$

mais,

$$\sqrt[m]{\cos na + \sqrt{-1}\sin na} = \left(\cos na + \sqrt{-1}\sin na\right)^{\frac{1}{m}} = \cos\frac{na}{m} + \sqrt{-1}\sin\frac{na}{m},$$

on a donc l'égalité (3).

Enfin, si l'on suppose que l'exposant de la puissance de

$$\left(\cos a + \sqrt{-1}\sin a\right)$$

est un nombre négatif, $-m$, entier ou fractionnaire, on aura d'abord

$$\left(\cos a + \sqrt{-1}\sin a\right)^{-m} = \frac{1}{\left(\cos a + \sqrt{-1}\sin a\right)^m} = \frac{1}{\cos ma + \sqrt{-1}\sin ma}.$$

Puis, en multipliant les deux termes de cette dernière fraction par $\cos ma - \sqrt{-1}\sin ma$, le dénominateur deviendra

$$\cos^2 ma + \sin^2 ma, \quad \text{ou} \quad 1;$$

et, par conséquent, on trouvera

$$\begin{aligned}\left(\cos a + \sqrt{-1}\sin a\right)^{-m} &= \cos ma - \sqrt{-1}\sin ma \\ &= \cos(-ma) + \sqrt{-1}\sin(-ma).\end{aligned}$$

Ainsi, la formule de Moivre est vérifiée pour toutes les valeurs commensurables de l'exposant m.

98. Il y a, toutefois, une observation très-importante à faire au sujet des applications de la formule de Moivre, dans le cas des exposants frac-

tionnaires. Si l'exposant est $\frac{1}{m}$, la formule devient

$$(1) \qquad \left(\cos a + \sqrt{-1}\sin a\right)^{\frac{1}{m}} = \cos\frac{a}{m} + \sqrt{-1}\sin\frac{a}{m};$$

or, le premier membre de cette égalité,

$$\sqrt[m]{\cos a + \sqrt{-1}\sin a},$$

admet m valeurs ou *déterminations* différentes, tandis que le second,

$$\cos\frac{a}{m} + \sqrt{-1}\sin\frac{a}{m},$$

n'en admet qu'une seule; c'est-à-dire que le second membre ne donne qu'une seule des m valeurs représentées par le premier.

Pour donner à la formule (1) toute la généralité qu'elle doit avoir, il suffit de remplacer, dans le second membre, l'arc a par $a + 2K\pi$, en nommant K un nombre entier quelconque; car, en écrivant l'égalité (1) sous la forme

$$(2) \qquad \sqrt[m]{\cos a + \sqrt{-1}\sin a} = \cos\frac{a+2K\pi}{m} + \sqrt{-1}\sin\frac{a+2K\pi}{m},$$

le second membre donnera les m déterminations du premier. C'est ce que nous allons démontrer.

Quel que soit le nombre entier par lequel on remplace K, l'expression

$$\cos\frac{a+2K\pi}{m} + \sqrt{-1}\sin\frac{a+2K\pi}{m}$$

sera une des valeurs de $\sqrt[m]{\cos a + \sqrt{-1}\sin a}$; car m étant un nombre entier, on a

$$\left(\cos\frac{a+2K\pi}{m} + \sqrt{-1}\sin\frac{a+2K\pi}{m}\right)^m$$
$$= \cos(a+2K\pi) + \sqrt{-1}\sin(a+2K\pi) = \cos a + \sqrt{-1}\sin a.$$

De plus, si l'on donne à K les m valeurs $0, 1, 2, \ldots, m-1$, l'expression

$$\cos\frac{a+2K\pi}{m} + \sqrt{-1}\sin\frac{a+2K\pi}{m}$$

prendra m valeurs différentes. En effet, en remplaçant K par $0, 1, 2, \ldots, m-1$, dans $\frac{a+2K\pi}{m}$, on obtient m arcs

$$\frac{a}{m},\quad \frac{a+2\pi}{m}, \ldots, \quad \frac{a+2(m-1)\pi}{m},$$

qui forment une progression arithmétique dont la raison, $\frac{2\pi}{m}$, est la

$m^{ième}$ partie de la circonférence : deux quelconques de ces arcs, différant entre eux d'une quantité moindre qu'une circonférence, ne peuvent avoir, à la fois, même sinus et même cosinus. Par conséquent, les m valeurs obtenues sont nécessairement différentes les unes des autres.

On trouvera donc toutes les déterminations du radical

$$\sqrt[m]{\cos a + \sqrt{-1}\sin a}$$

en remplaçant K par $0, 1, 2, \ldots, m-1$, dans

$$\cos\frac{a+2K\pi}{m} + \sqrt{-1}\sin\frac{a+2K\pi}{m}.$$

Si l'on substituait à K les nombres m, $m+1$, etc., plus grands que $m-1$, l'expression $\frac{a+2K\pi}{m}$ donnerait les arcs déjà obtenus, augmentés chacun d'un nombre entier de circonférences ; et, par conséquent, il n'en résulterait aucune nouvelle valeur pour

$$\cos\frac{a+2K\pi}{m} + \sqrt{-1}\sin\frac{a+2K\pi}{m}.$$

Il en serait de même si l'on remplaçait K par les nombres négatifs -1, -2, etc.

99. Lorsque l'exposant est une fraction, $\frac{n}{m}$, dont les deux termes sont des nombres entiers quelconques, toutes les déterminations de $(\cos a + \sqrt{-1}\sin a)^{\frac{n}{m}}$ sont données par l'équation

$$(1)\qquad (\cos a + \sqrt{-1}\sin a)^{\frac{n}{m}} = \cos\frac{na+2K\pi}{m} + \sqrt{-1}\sin\frac{na+2K\pi}{m},$$

en remplaçant K par $0, 1, 2, \ldots, m-1$.

En effet, d'après l'interprétation convenue des exposants fractionnaires, on a

$$(\cos a + \sqrt{-1}\sin a)^{\frac{n}{m}} = \sqrt[m]{(\cos a + \sqrt{-1}\sin a)^n}.$$

Mais, n étant un nombre entier,

$$(\cos a + \sqrt{-1}\sin a)^n = \cos na + \sqrt{-1}\sin na.$$

Et d'ailleurs (n° 98) :

$$\sqrt[m]{\cos na + \sqrt{-1}\sin na} = \cos\frac{na+2K\pi}{m} + \sqrt{-1}\sin\frac{na+2K\pi}{m}.$$

Donc

$$\left(\cos a + \sqrt{-1}\sin a\right)^{\frac{n}{m}} = \cos\frac{na + 2K\pi}{m} + \sqrt{-1}\sin\frac{na + 2K\pi}{m}.$$

Au reste, toutes les observations consignées dans les Traités d'Algèbre au sujet des radicaux, lorsque l'on considère toutes leurs déterminations, conviennent évidemment à la formule de Moivre, dans le cas de l'exposant fractionnaire. Il sera facile d'en faire l'application à des expressions de la forme

$$\sqrt[m]{\cos a + \sqrt{-1}\sin a} \times \sqrt[n]{\cos b + \sqrt{-1}\sin b}, \ldots,$$

en ayant égard à ce que nous avons expliqué nos 98 et 99.

Formules pour exprimer $\sin ma$, $\cos ma$, $\tang ma$, en fonction de $\sin a$, $\cos a$, $\tang a$, m représentant un nombre entier positif.

100. La formule

$$\cos ma + \sqrt{-1}\sin ma = \left(\cos a + \sqrt{-1}\sin a\right)^m$$

donne, en développant le second membre, et en séparant la partie réelle de la partie imaginaire :

$$\begin{aligned}
&\cos ma + \sqrt{-1}\sin ma \\
&= \cos^m a - \frac{m(m-1)}{1.2}\cos^{m-2}a\sin^2 a \\
&+ \frac{m(m-1)(m-2)(m-3)}{1.2.3.4}\cos^{m-4}a\sin^4 a - \ldots \\
&+ \sqrt{-1}\left[m\cos^{m-1}a\sin a - \frac{m(m-1)(m-2)}{1.2.3}\cos^{m-3}a\sin^3 a\right. \\
&\left. + \frac{m(m-1)(m-2)(m-3)(m-4)}{1.2.3.4.5}\cos^{m-5}a\sin^5 a - \ldots\right].
\end{aligned}$$

On en déduit

$$(1)\quad \left\{\begin{aligned}
\sin ma = m\cos^{m-1}a\sin a &- \frac{m(m-1)(m-2)}{1.2.3}\cos^{m-3}a\sin^3 a \\
&+ \frac{m(m-1)(m-2)(m-3)(m-4)}{1.2.3.4.5}\cos^{m-5}a\sin^5 a - \ldots
\end{aligned}\right.$$

$$(2)\quad \left\{\begin{aligned}
\cos ma = \cos^m a &- \frac{m(m-1)}{1.2}\cos^{m-2}a\sin^2 a \\
&+ \frac{m(m-1)(m-2)(m-3)}{1.2.3.4}\cos^{m-4}a\sin^4 a - \ldots.
\end{aligned}\right.$$

Ces deux formules donnent le sinus et le cosinus d'un multiple d'un arc en fonction du sinus et du cosinus de l'arc simple. La loi des termes de chaque développement est évidente.

On parvient encore aux relations (1) et (2) de la manière suivante.

En changeant a en $-a$ dans la formule de Moivre, on peut écrire les deux égalités :

$$\cos ma + \sqrt{-1}\sin ma = (\cos a + \sqrt{-1}\sin a)^m,$$
$$\cos ma - \sqrt{-1}\sin ma = (\cos a - \sqrt{-1}\sin a)^m.$$

Ajoutant et retranchant successivement, membre à membre, il vient :

$$\cos ma = \frac{(\cos a + \sqrt{-1}\sin a)^m + (\cos a - \sqrt{-1}\sin a)^m}{2},$$
$$\sin ma = \frac{(\cos a + \sqrt{-1}\sin a)^m - (\cos a - \sqrt{-1}\sin a)^m}{2\sqrt{-1}}.$$

Si l'on développe par la formule du binôme, on obtiendra, en supprimant les termes qui se détruisent, les relations (1) et (2).

Des formules (1) et (2) on tire

$$\frac{\sin ma}{\cos ma} = \frac{m\cos^{m-1}a\sin a - \frac{m(m-1)(m-2)}{1.2.3}\cos^{m-3}a\sin^3 a + \ldots}{\cos^m a - \frac{m(m-1)}{1.2}\cos^{m-2}a\sin^2 a + \ldots}.$$

Divisant par $\cos^m a$ les deux termes de la fraction qui forme le second membre, et observant que $\frac{\sin ma}{\cos ma} = \tang ma$, on trouve

$$(3)\qquad \tang ma = \frac{m\tang a - \frac{m(m-1)(m-2)}{1,2.3}\tang^3 a + \ldots}{1 - \frac{m(m-1)}{1.2}\tang^2 a + \ldots}.$$

Cette dernière formule détermine la tangente d'un multiple d'un arc, en fonction de la tangente de l'arc simple.

Formules qui donnent $\cos^m a$, $\sin^m a$, en fonction des cosinus et sinus des divers multiples de l'arc a.

101. Pour obtenir les formules dont il s'agit, posons

$$\cos a + \sqrt{-1}\sin a = u,\quad \cos a - \sqrt{-1}\sin a = v;$$

il en résultera

$$2\cos a = u + v,\quad 2\sqrt{-1}\sin a = u - v,$$

et, par suite,

$$(1)\left\{\begin{aligned} 2^m\cos^m a = (u+v)^m = u^m + mu^{m-1}v + \frac{m(m-1)}{1.2}u^{m-2}v^2 + \ldots \\ + \frac{m(m-1)}{1.2}u^2v^{m-2} + muv^{m-1} + v^m.\end{aligned}\right.$$

Il convient ici de distinguer deux cas.

1° Si m est pair, le développement aura un nombre impair de termes; il y aura alors un terme du milieu qui sera

$$\frac{m(m-1)(m-2)\ldots\left(\frac{m}{2}+1\right)}{1.2.3\ldots\frac{m}{2}}u^{\frac{m}{2}}v^{\frac{m}{2}};$$

et, en rapprochant les termes extrêmes, et ceux qui en sont, deux à deux, également éloignés, il viendra

$$(2)\quad \left\{\begin{aligned} 2^m\cos^m a = {} & (u^m+v^m)+muv(u^{m-2}+v^{m-2}) \\ & +\frac{m(m-1)}{1.2}u^2v^2(u^{m-4}+v^{m-4})+\ldots \\ & +\frac{m(m-1)(m-2)\ldots\left(\frac{m}{2}+1\right)}{1.2.3\ldots\frac{m}{2}}u^{\frac{m}{2}}v^{\frac{m}{2}}. \end{aligned}\right.$$

Cela posé, les égalités

$$\cos a+\sqrt{-1}\sin a=u,\quad \cos a-\sqrt{-1}\sin a=v,$$

donnent, en désignant par p un exposant entier quelconque;

$$u^p=\cos pa+\sqrt{-1}\sin pa,\quad v^p=\cos pa-\sqrt{-1}\sin pa;$$

d'où

$$u^p+v^p=2\cos pa.$$

D'ailleurs,

$$uv=\left(\cos a+\sqrt{-1}\sin a\right)\left(\cos a-\sqrt{-1}\sin a\right)=(\cos^2 a+\sin^2 a)=1;$$

donc

$$u^p v^p=1.$$

En ayant égard à ces dernières remarques, l'égalité (2) devient

$$2^m\cos^m a=2\cos ma+2m\cos(m-2)a+\frac{2m(m-1)}{1.2}\cos(m-4)a+\ldots$$
$$+\frac{m(m-1)(m-2)\ldots\left(\frac{m}{2}+1\right)}{1.2.3\ldots\frac{m}{2}}.$$

En divisant par 2 les deux membres de cette dernière égalité, on obtient

$$(3)\quad \left\{\begin{aligned} 2^{m-1}\cos^m a = {} & \cos ma+m\cos(m-2)a \\ & +\frac{m(m-1)}{1.2}\cos(m-4)a+\ldots \\ & +\frac{1}{2}\,\frac{m(m-1)(m-2)\ldots\left(\frac{m}{2}+1\right)}{1.2.3\ldots\frac{m}{2}}. \end{aligned}\right.$$

La relation (3) détermine $\cos^m a$, en fonction des cosinus des multiples ma, $(m-2)a, \ldots$, de l'arc a, lorsque l'exposant m est pair.

2° Si l'exposant m est impair, le développement de $(u+v)^m$ aura un nombre pair de termes, et en faisant correspondre les termes également distants des extrêmes, il viendra

$$\begin{aligned}2^m \cos^m a = (u+v)^m &= u^m + mu^{m-1}v + \frac{m(m-1)}{1.2}u^{m-2}v^2 + \ldots \\ &+ \frac{m(m-1)(m-2)\ldots\frac{m+3}{2}}{1.2.3\ldots\frac{m-1}{2}} u^{\frac{m+1}{2}} v^{\frac{m-1}{2}} \\ &+ v^m + mv^{m-1}u + \frac{m(m-1)}{1.2}v^{m-2}u^2 + \ldots \\ &+ \frac{m(m-1)(m-2)\ldots\frac{m+3}{2}}{1.2.3\ldots\frac{m-1}{2}} v^{\frac{m+1}{2}} u^{\frac{m-1}{2}};\end{aligned}$$

d'où

$$\begin{aligned}2^m \cos^m a &= (u^m + v^m) + muv(u^{m-2} + v^{m-2}) \\ &+ \frac{m(m-1)}{1.2}u^2v^2(u^{m-4}+v^{m-4}) + \ldots \\ &+ \frac{m(m-1)(m-2)\ldots\frac{m+3}{2}}{1.2.3\ldots\frac{m-1}{2}} u^{\frac{m-1}{2}} v^{\frac{m-1}{2}} (u+v).\end{aligned}$$

Et, par conséquent, en ayant égard aux relations générales

$$u^p + v^p = 2\cos pa \quad \text{et} \quad u^p v^p = 1,$$

on aura

$$(4)\quad \left\{\begin{aligned}2^{m-1}\cos^m a = \cos ma + m\cos(m-2)a &+ \frac{m(m-1)}{1.2}\cos(m-4)a + \ldots \\ &+ \frac{m(m-1)(m-2)\ldots\frac{m+3}{2}}{1.2.3\ldots\frac{m-1}{2}}\cos a.\end{aligned}\right.$$

La formule (4) donne $\cos^m a$ en fonction des cosinus des multiples de l'arc a, lorsque l'exposant m est impair.

102. Pour trouver les formules relatives à $\sin^m a$, on emploie la relation $\sqrt{-1}\sin a = u - v$ (n° 101). Il en résulte

$$\begin{aligned}(\sqrt{-1})^m \sin^m a = (u-v)^m &= u^m - mu^{m-1}v + \frac{m(m-1)}{1.2}u^{m-2}v^2 - \ldots \\ &\pm \frac{m(m-1)}{1.2}u^2v^{m-2} \mp muv^{m-1} \pm v^m.\end{aligned}$$

Il faut encore distinguer deux cas, suivant que m est un nombre pair ou bien impair.

1° Supposons que m soit pair. Alors, $(\sqrt{-1})^m = (-1)^{\frac{m}{2}}$; et, dans le développement, il y a un terme du milieu, qui est

$$\pm \frac{m(m-1)(m-2)\ldots\left(\frac{m}{2}+1\right)}{1.2.3\ldots\frac{m}{2}} u^{\frac{m}{2}} v^{\frac{m}{2}}.$$

En rassemblant, deux à deux, les termes également distants des extrêmes, on aura

$$\begin{aligned} &2^m (\sqrt{-1})^m \sin^m a \\ &= (u^m + v^m) - muv(u^{m-2} + v^{m-2}) + \frac{m(m-1)}{1.2} u^2 v^2 (u^{m-4} + v^{m-4}) - \ldots \\ &\pm \frac{m(m-1)\ldots\left(\frac{m}{2}+1\right)}{1.2\ldots\frac{m}{2}} u^{\frac{m}{2}} v^{\frac{m}{2}}. \end{aligned}$$

Et, au moyen des relations

$$u^p + v^p = 2\cos pa, \quad u^p v^p = 1,$$

il viendra, en divisant par 2 tous les termes :

$$(5) \left\{ \begin{aligned} &2^{m-1} (\sqrt{-1})^m \sin^m a \\ &= \cos ma - m\cos(m-2)a + \frac{m(m-1)}{1.2} \cos(m-4)a - \ldots \\ &\pm \frac{1}{2} \frac{m(m-1)\ldots\left(\frac{m}{2}+1\right)}{1.2\ldots\frac{m}{2}}. \end{aligned} \right.$$

Cette formule donne $\sin^m a$ en fonction des cosinus des multiples de l'arc a, lorsque m est un nombre pair.

2° Si l'exposant m est impair,

$$(\sqrt{-1})^m = (-1)^{\frac{m-1}{2}} \times \sqrt{-1}.$$

En rassemblant, deux à deux, les termes également distants des extrêmes, on a

$$(6) \left\{ \begin{aligned} &\sqrt{-1}\,(-1)^{\frac{m-1}{2}} 2^m \sin^m a \\ &= (u^m - v^m) - muv(u^{m-2} - v^{m-2}) + \frac{m(m-1)}{1.2} u^2 v^2 (u^{m-4} - v^{m-4}) - \ldots \\ &\pm \frac{m(m-1)\ldots\frac{m+3}{2}}{1.2\ldots\frac{m-1}{2}} u^{\frac{m-1}{2}} v^{\frac{m-1}{2}} (u - v). \end{aligned} \right.$$

Mais, des relations

$$u^p = \cos pa + \sqrt{-1}\sin pa, \quad v^p = \cos pa - \sqrt{-1}\sin pa,$$

on déduit

$$u^p - v^p = 2\sqrt{-1}\sin pa \quad \text{et} \quad u^p v^p = 1.$$

Au moyen de ces deux dernières égalités, la relation (6) devient, en divisant tous les termes par $2\sqrt{-1}$,

$$(7)\quad \left\{ \begin{aligned} &(-1)^{\frac{m-1}{2}} 2^{m-1}\sin^m a \\ &= \sin ma - m\sin(m-2)a + \frac{m(m-1)}{1.2}\sin(m-4)a - \ldots \\ &\pm \frac{m(m-1)\ldots\frac{m+3}{2}}{1.2\ldots\frac{m-1}{2}}\sin a. \end{aligned} \right.$$

La formule (7) détermine $\sin^m a$ en fonction des sinus des multiples de l'arc a, lorsque l'exposant m est impair.

Résolution des équations binôme et trinôme.

103. La formule de Moivre peut encore servir à résoudre les équations binômes $y^m = \pm A$.

Considérons, en premier lieu, l'équation $y^m = A$, dans laquelle A représente un nombre réel et positif. Soit a la détermination arithmétique de $\sqrt[m]{A}$; en posant $y = ax$, l'équation $y^m = A$ devient

$$a^m x^m = A = a^m, \quad \text{d'où} \quad x^m = 1.$$

Si $\alpha + \beta\sqrt{-1}$ représente une racine de $x^m = 1$, on a nécessairement $\alpha^2 + \beta^2 = 1$. En effet, si $\alpha + \beta\sqrt{-1}$ est une racine imaginaire, $\alpha - \beta\sqrt{-1}$ sera aussi racine de l'équation $x^m = 1$; on aura donc

$$(\alpha + \beta\sqrt{-1})^m = 1, \quad (\alpha - \beta\sqrt{-1})^m = 1,$$

et, en multipliant, membre à membre, ces deux égalités, $(\alpha^2 + \beta^2)^m = 1$. Mais $\alpha^2 + \beta^2$ est une quantité réelle et positive; donc $\alpha^2 + \beta^2 = 1$.

Lorsque la racine considérée est réelle, on a $\beta = 0$, $\alpha = \pm 1$; il en résulte encore $\alpha^2 + \beta^2 = 1$.

Puisque $\alpha^2 + \beta^2 = 1$, les nombres α, β peuvent être considérés comme le cosinus et le sinus d'un même arc; nous poserons donc

$$x = \cos\varphi + \sqrt{-1}\sin\varphi;$$

il reste à trouver les valeurs de l'arc φ.

D'après la formule de Moivre, on a

$$x^m = \cos m\varphi + \sqrt{-1}\sin m\varphi$$

et par suite

$$\cos m\varphi + \sqrt{-1}\sin m\varphi = 1.$$

Les valeurs de φ, déterminées par cette dernière équation, donneront les racines de l'équation proposée $x^m = 1$.

L'égalité $\cos m\varphi + \sqrt{-1} \sin m\varphi = 1$ exige évidemment que $\sin m\varphi = 0$, et $\cos m\varphi = 1$. La première condition, $\sin m\varphi = 0$, est satisfaite, en prenant pour $m\varphi$ un multiple quelconque de la demi-circonférence; mais la seconde $\cos m\varphi = 1$, montre que l'arc $m\varphi$ doit être un multiple pair de la demi-circonférence. Nous ferons donc

$$m\varphi = 2K\pi, \quad \text{d'où } \varphi = \frac{2K\pi}{m};$$

il s'ensuit

$$x = \cos\frac{2K\pi}{m} + \sqrt{-1}\sin\frac{2K\pi}{m}.$$

Dans l'expression $\cos\frac{2K\pi}{m} + \sqrt{-1}\sin\frac{2K\pi}{m}$, K représente un nombre entier quelconque, positif ou négatif; mais, pour obtenir toutes les valeurs différentes de $\cos\frac{2K\pi}{m} + \sqrt{-1}\sin\frac{2K\pi}{m}$, il suffit de remplacer K par $0, 1, 2, \ldots, (m-1)$, comme on l'a vu (n° 98, p. 122); on aura ainsi m valeurs différentes qui seront les racines de l'équation $x^m = 1$

Au reste il n'est pas indispensable de faire toutes les substitutions que nous venons d'indiquer, pour obtenir toutes les racines de l'équation $x^m = 1$. En effet, soit K' un des nombres entiers plus petits que m; les substitutions des nombres K' et $m - K'$ donneront

$$x = \cos\frac{2K'\pi}{m} + \sqrt{-1}\sin\frac{2K'\pi}{m}$$

et

$$x = \cos\frac{2(m-K')\pi}{m} + \sqrt{-1}\sin\frac{2(m-K')\pi}{m}.$$

Or cette dernière égalité revient à

$$x = \cos\frac{-2K'\pi}{m} + \sqrt{-1}\sin\frac{-2K'\pi}{m}$$
$$= \cos\frac{2K'\pi}{m} - \sqrt{-1}\sin\frac{2K'\pi}{m}.$$

Ainsi, les substitutions des deux nombres K', $m - K'$, dont la somme est égale à m, donnent pour x des valeurs qui diffèrent seulement par le signe du terme imaginaire; il en résulte qu'en prenant la formule

$$x = \cos\frac{2K\pi}{m} \pm \sqrt{-1}\sin\frac{2K\pi}{m},$$

il suffira, pour obtenir toutes les valeurs différentes de x, de donner au nombre K les valeurs $0, 1, 2, \ldots$, jusqu'au plus grand nombre entier qui ne surpasse pas $\frac{m}{2}$.

Si l'exposant m est pair, on remplacera le nombre K par $0, 1, 2, \ldots, \frac{m}{2}$.

La substitution $K = 0$ donne $x = 1$; pour $K = \frac{m}{2}$, on trouve $x = -1$. On obtient ainsi les deux racines réelles de l'équation $x^m = 1$. Les valeurs intermédiaires $1, 2, \ldots$ donnent les racines imaginaires conjuguées

$$x = \cos\frac{2\pi}{m} \pm \sqrt{-1}\sin\frac{2\pi}{m},$$
$$x = \cos\frac{4\pi}{m} \pm \sqrt{-1}\sin\frac{4\pi}{m},$$
$$\ldots\ldots\ldots\ldots\ldots\ldots$$

Lorsque m est impair, on remplace K par $0, 1, 2, \ldots$, jusqu'à $\frac{m-1}{2}$. Pour $K = 0$, on aura $x = 1$; les autres substitutions $K = 1, = 2, \ldots, = \frac{m-1}{2}$ détermineront les racines imaginaires

$$x = \cos\frac{2\pi}{m} \pm \sqrt{-1}\sin\frac{2\pi}{m},$$
$$x = \cos\frac{4\pi}{m} \pm \sqrt{-1}\sin\frac{4\pi}{m},$$
$$\ldots\ldots\ldots\ldots\ldots\ldots,$$
$$x = \cos\frac{(m-1)\pi}{m} \pm \sqrt{-1}\sin\frac{(m-1)\pi}{m}.$$

On trouve ainsi une racine réelle $x = 1$, et $(m-1)$ racines imaginaires, deux à deux, conjuguées; ce qui doit être en effet, puisque le degré de l'équation $x^m = 1$ est impair.

104. Considérons maintenant l'équation binôme $y^m = -A$, dans laquelle A représente une quantité réelle et positive. Soit a la valeur arithmétique de $\sqrt{A}$, en posant $y = ax$; on aura

$$a^m x^m = -A = -a^m, \quad \text{d'où} \quad x^m = -1,$$

et l'équation $x = \cos\varphi + \sqrt{-1}\sin\varphi$ donnera

$$x^m = \cos m\varphi + \sqrt{-1}\sin m\varphi; \quad \text{d'où} \quad \cos m\varphi + \sqrt{-1}\sin m\varphi = -1.$$

Les valeurs de l'arc φ devant satisfaire à cette dernière relation, il faut qu'on ait

$$\sin m\varphi = 0, \quad \cos m\varphi = -1.$$

Par conséquent, l'arc $m\varphi$ doit être un multiple impair de la demi-circonférence. En désignant ce multiple par $(2K+1)\pi$, il viendra

$$\varphi = \frac{(2K+1)\pi}{m}$$

et par suite

$$(1) \qquad x = \cos\frac{(2K+1)\pi}{m} + \sqrt{-1}\sin\frac{(2K+1)\pi}{m}.$$

Il suffira de remplacer, dans cette formule, K par $0, 1, 2, \ldots, m-1$, pour avoir les m valeurs différentes de x, qui sont les racines de l'équation $x^m = -1$ (n° 98, p. 122).

On peut encore observer que, pour obtenir toutes les racines de l'équation $x^m = -1$, il n'est pas indispensable d'attribuer à K les m valeurs $0, 1, 2, \ldots, (m-1)$. Car, soit K' un nombre entier plus petit que m; si l'on remplace successivement K par K' et $[m-(K'+1)]$ dans la formule (1), il viendra

$$x = \cos\frac{(2K'+1)\pi}{m} + \sqrt{-1}\sin\frac{(2K'+1)\pi}{m}$$

et

$$x = \cos\frac{(2m-1-2K')\pi}{m} + \sqrt{-1}\sin\frac{(2m-1-2K')\pi}{m}.$$

Cette dernière valeur se réduisant à

$$x = \cos\frac{(2K'+1)\pi}{m} - \sqrt{-1}\sin\frac{(2K'+1)\pi}{m},$$

on voit que les substitutions de deux nombres K' et $m - K' - 1$, dont l. somme est $m-1$, donnent pour x deux valeurs qui diffèrent seulement par le signe du terme imaginaire $\sqrt{-1}\sin\frac{(2K+1)\pi}{m}$.

Par conséquent, la formule

$$x = \cos\frac{(2K+1)\pi}{m} \pm \sqrt{-1}\sin\frac{(2K+1)\pi}{m}$$

déterminera toutes les racines de l'équation $x^m + 1 = 0$, en donnant à K toutes les valeurs entières $0, 1, 2, \ldots$, jusqu'au plus grand nombre entier qui ne surpasse pas $\frac{m-1}{2}$.

Si l'exposant m est pair, on remplacera donc successivement le nombre indéterminé K par $0, 1, 2, \ldots, \frac{m-2}{2}$; ce qui donnera les m racines imaginaires

$$x = \cos\frac{\pi}{m} \pm \sqrt{-1}\sin\frac{\pi}{m},$$

$$x = \cos\frac{3\pi}{m} \pm \sqrt{-1}\sin\frac{3\pi}{m},$$

........................,

$$x = \cos\frac{(m-1)\pi}{m} \pm \sqrt{-1}\sin\frac{(m-1)\pi}{m}.$$

Si m est un nombre impair, les valeurs qu'il faut substituer sont $0, 1, 2, \ldots, \frac{m-1}{2}$, et il en résulte

$$x = \cos\frac{\pi}{m} \pm \sqrt{-1}\sin\frac{\pi}{m},$$

$$x = \cos\frac{3\pi}{m} \pm \sqrt{-1}\sin\frac{3\pi}{m},$$

........................;

$$x = -1.$$

On obtient ainsi $(m-1)$ racines imaginaires, et une racine réelle qui est -1. C'est effectivement ce que l'on doit trouver, puisque le degré de l'équation $x^m = -1$ est impair.

Les racines des équations $x^m = 1$, $x^m = -1$ étant ainsi obtenues, il suffira de les multiplier par la détermination arithmétique a de $\sqrt[m]{A}$ pour avoir les racines des équations $y^m = A$, $y^m = -A$.

105. Il reste encore à considérer les équations binômes $y^m = A$, dans lesquelles le terme A est une expression imaginaire de la forme $a \pm b\sqrt{-1}$.

Soit

$$(1) \qquad y^m = a + b\sqrt{-1}.$$

On pourra déterminer une quantité réelle ρ et un angle α qui satisfassent à l'égalité

$$a + b\sqrt{-1} = \rho\,(\cos\alpha + \sqrt{-1}\sin\alpha);$$

car cette égalité donne

$$\rho\cos\alpha = a, \quad \rho\sin\alpha = b,$$

d'où

$$\rho = \sqrt{a^2+b^2}, \quad \cos\alpha = \frac{a}{\sqrt{a^2+b^2}}, \quad \sin\alpha = \frac{b}{\sqrt{a^2+b^2}}.$$

En prenant pour valeur de α le plus petit angle positif dont le sinus et le cosinus sont $\frac{b}{\sqrt{a^2+b^2}}$ et $\frac{a}{\sqrt{a^2+b^2}}$, les quantités ρ et α seront déterminées, et l'équation (1) proposée deviendra

$$(2) \qquad y^m = \rho\,(\cos\alpha + \sqrt{-1}\sin\alpha).$$

Soit r la valeur arithmétique de $\sqrt[m]{\rho}$, on aura $\rho = r^m$; et si, dans l'équation (2), on remplace y par rx, il viendra

$$r^m x^m = \rho\,(\cos\alpha + \sqrt{-1}\sin\alpha) = r^m(\cos\alpha + \sqrt{-1}\sin\alpha),$$

d'où

$$(3) \qquad x^m = \cos\alpha + \sqrt{-1}\sin\alpha.$$

Maintenant posons

$$x = \cos t + \sqrt{-1}\sin t$$

dans l'équation (3); il en résultera

$$\cos mt + \sqrt{-1}\sin mt = \cos\alpha + \sqrt{-1}\sin\alpha.$$

Cette dernière équation donne

$$\cos mt = \cos\alpha, \quad \sin mt = \sin\alpha;$$

par conséquent, la différence des arcs mt, α, doit être égale à un nombre entier de circonférences, c'est-à-dire qu'on doit avoir

$$mt = \alpha + 2K\pi, \quad \text{d'où} \quad t = \frac{\alpha + 2K\pi}{m},$$

K représentant un nombre entier quelconque, positif ou négatif, et qui peut être égal à zéro.

En portant cette valeur de t dans l'équation

$$x = \cos t + \sqrt{-1} \sin t,$$

on aura

$$(4) \qquad x = \cos\frac{\alpha + 2K\pi}{m} + \sqrt{-1}\sin\frac{\alpha + 2K\pi}{m}.$$

Il s'ensuit que la formule (4) déterminera toutes les racines de l'équation (3), en remplaçant K par 0, 1, ..., $(m-1)$, (n° 98, p. 122).

106. Si l'équation proposée est

$$(1) \qquad y^{m} = a - b\sqrt{-1},$$

on a, en posant $a - b\sqrt{-1} = \rho(\cos\alpha - \sqrt{-1}\sin\alpha)$:

$$\rho\cos\alpha = a, \quad \rho\sin\alpha = b, \quad \rho = \sqrt{a^2 + b^2},$$

$$\cos\alpha = \frac{a}{\sqrt{a^2+b^2}}, \quad \sin\alpha = \frac{b}{\sqrt{a^2+b^2}};$$

$$y^{m} = \rho(\cos\alpha - \sqrt{-1}\sin\alpha).$$

En désignant par r la valeur arithmétique de $\sqrt[m]{\rho}$, et remplaçant y par rx, il vient

$$(2) \qquad x^{m} = \cos\alpha - \sqrt{-1}\sin\alpha.$$

Si l'on substitue à x l'expression $\cos t - \sqrt{-1}\sin t$, l'équation (2) prendra la forme

$$\cos mt - \sqrt{-1}\sin mt = \cos\alpha - \sqrt{-1}\sin\alpha;$$

d'où l'on conclura

$$t = \frac{\alpha + 2K\pi}{m},$$

et, par suite,

$$(3) \qquad x = \cos\frac{\alpha + 2K\pi}{m} - \sqrt{-1}\sin\frac{\alpha + 2K\pi}{m}.$$

Il suffira de remplacer, dans la formule (3), K par 0, 1, 2, ..., $(m-1)$ pour avoir toutes les racines de l'équation $x^m = \cos\alpha - \sqrt{-1}\sin\alpha$.

En multipliant les racines des équations $x^m = \cos\alpha \pm \sqrt{-1}\sin\alpha$ par la détermination arithmétique r du radical $\sqrt[2m]{a^2 + b^2}$, on aura les racines des équations $y^m = a \pm b\sqrt{-1}$.

107. Au reste, l'équation

$$x^m = \cos\alpha - \sqrt{-1}\sin\alpha$$

se ramène facilement à la forme

$$x^m = \cos\alpha + \sqrt{-1}\sin\alpha;$$

car, si l'on pose $x = \frac{1}{z}$, il viendra

$$\frac{1}{z^m} = \cos\alpha - \sqrt{-1}\sin\alpha,$$

d'où

$$z^m = \frac{1}{\cos\alpha - \sqrt{-1}\sin\alpha}.$$

Multipliant par $\cos\alpha + \sqrt{-1}\sin\alpha$ les deux termes de la fraction, on a

$$z^m = \frac{\cos\alpha + \sqrt{-1}\sin\alpha}{\cos^2\alpha + \sin^2\alpha} = \cos\alpha + \sqrt{-1}\sin\alpha.$$

Or

$$z = \cos\frac{\alpha + 2K\pi}{m} + \sqrt{-1}\sin\frac{\alpha + 2K\pi}{m} \quad (\text{n}^\circ\ 105);$$

donc

$$x = \frac{1}{\cos\frac{\alpha + 2K\pi}{m} + \sqrt{-1}\sin\frac{\alpha + 2K\pi}{m}}$$
$$= \cos\frac{\alpha + 2K\pi}{m} - \sqrt{-1}\sin\frac{\alpha + 2K\pi}{m}.$$

108. L'équation

$$(1) \qquad x = \cos\frac{\alpha + 2K\pi}{m} - \sqrt{-1}\sin\frac{\alpha + 2K\pi}{m}$$

peut être transformée en la suivante :

$$x = \cos\frac{2K\pi - \alpha}{m} + \sqrt{-1}\sin\frac{2K\pi - \alpha}{m};$$

car l'équation (1) revient à

$$x = \cos\frac{-\alpha - 2K\pi}{m} + \sqrt{-1}\sin\frac{-\alpha - 2K\pi}{m},$$

et, comme le coefficient K représente un nombre entier quelconque, positif ou négatif, on peut remplacer K par $-K$, ce qui donne

$$x = \cos\frac{2K\pi - \alpha}{m} + \sqrt{-1}\sin\frac{2K\pi - \alpha}{m}.$$

109. La résolution de l'équation trinôme $x^{2m} + px^m + q = 0$ ne peut actuellement présenter aucune difficulté; car cette équation se ramène immédiatement à des équations binômes dans lesquelles les seconds membres sont des quantités réelles, ou des expressions imaginaires de la forme

$$a \pm b\sqrt{-1}.$$

En effet, posons $x^m = y$, l'équation $x^{2m} + px^m + q = 0$ se réduira à l'équation du second degré $y^2 + py + q = 0$, dont les deux racines α, 6 sont des quantités réelles, ou des expressions imaginaires de la forme

$$a \pm b\sqrt{-1}.$$

En remplaçant successivement y par α et 6 dans $x^m = y$, on aura le deux équations binômes

$$x^m = \alpha, \quad x^m = 6,$$

dont la résolution fera connaître les $2m$ racines de l'équation trinôme proposée.

Théorèmes de Côtes et de Moivre.

110. La décomposition des binômes $x^m - 1$, $x^m + 1$, en facteurs réels du second et du premier degré conduit au théorème de *Côtes*, théorème que l'on peut énoncer ainsi :

Soit une circonférence divisée en un nombre pair, $2m$, de parties égales, en des points désignés par 0, 1, $2, \ldots, (2m-1)$ (fig. 37); si de tous les points de division $0, 1, 2, \ldots, (2m-1)$ on mène des droites à un point quelconque B situé sur la direction du rayon C_0, qui passe par le point de la circonférence marqué 0 :

1° *Le produit des m droites $B_0, B_2, \ldots, B_{2m-2}$, menées par les points de division d'ordre pair, $0, 2, \ldots, (2m-2)$, sera égal à la différence des puissances $m^{ièmes}$ du rayon du cercle et de la distance CB du centre C au point B, pris arbitrairement sur la direction du rayon C_0;*

2° *Le produit des m droites $B_1, B_3, \ldots, B_{2m-1}$, correspondant aux points de division d'ordre impair, $1, 3, \ldots, (2m-1)$, sera égal à la somme des puissances $m^{ièmes}$ du rayon et de la distance CB.*

Prenons pour unité le rayon du cercle considéré, et nommons x la distance CB et $y_0, y_1, y_2, \ldots, y_{2m-2}, y_{2m-1}$ les droites $B_0, B_1, B_2, \ldots, B_{(2m-2)}, B_{(2m-1)}$; il s'agit, en supposant d'abord $x > 1$, d'établir les deux égalités

$$(1) \qquad y_0 y_2 \ldots y_{2m-4} y_{2m-2} = x^m - 1,$$

$$(2) \qquad y_1 y_3 \ldots y_{2m-3} y_{2m-1} = x^m + 1.$$

Pour plus de précision, nous distinguerons deux cas, suivant que le nombre m est pair ou impair.

Si m est pair, la distance y_m est un des facteurs du premier membre de l'équation (1). Or

$$y_m = B_m = BC + C_m = x + 1,$$

et

$$y_0 = BC - C_0 = x - 1;$$

donc

$$y_0 y_m = x^2 - 1,$$

et l'on voit déjà que le produit $y_0 y_m$ est le facteur du second degré $x^2 - 1$ de $x^m - 1$ correspondant aux deux racines réelles $+1$, -1 de l'équation binôme $x^m - 1 = 0$.

De plus, il est évident que les droites y_2, y_{2m-2} sont égales entre elles, et qu'il en est de même des droites y_4, y_{2m-4}; de y_6, y_{2m-6}, etc. De sorte que $y_2 y_{2m-2} = y_2^2$; $y_4 y_{2m-4} = y_4^2, \ldots$.

Remarquons maintenant que, dans le triangle CB2, les trois côtés CB, C2, B2 ont pour valeurs $x, 1, y_2$, et que l'angle opposé au côté y_2 est égal à

$\frac{2\pi}{m}$; on a donc, d'après un principe connu,

$$y_2^2 = x^2 + 1 - 2x\cos\frac{2\pi}{m}.$$

Mais

$$y_2^2 = y_2 y_{2m-2} \quad \text{et} \quad x^2 + 1 - 2x\cos\frac{2\pi}{m}$$

est le produit des facteurs

$$x - \cos\frac{2\pi}{m} - \sqrt{-1}\sin\frac{2\pi}{m}, \quad x - \cos\frac{2\pi}{m} + \sqrt{-1}\sin\frac{2\pi}{m},$$

correspondant aux deux racines imaginaires conjuguées

$$\cos\frac{2\pi}{m} \pm \sqrt{-1}\sin\frac{2\pi}{m}$$

de l'équation $x^m - 1 = 0$ (n° 103, p. 131); par conséquent $y_2 y_{2m-2}$ représente le facteur réel du second degré de $x^m - 1 = 0$, déterminé par les racines imaginaires que l'on trouve en remplaçant, dans la formule

$$x = \cos\frac{2K\pi}{m} \pm \sqrt{-1}\sin\frac{2K\pi}{m} \text{ (page 130)},$$

le nombre K par l'unité.

On démontre de même que $y_4 y_{2m-4}$ est le facteur réel du second degré correspondant aux racines imaginaires obtenues en remplaçant, dans la même formule, K par 2, et ainsi de suite. Donc

$$(1) \qquad y_0 y_2 y_4 \ldots y_{2m-4} y_{2m-2} = x^m - 1.$$

L'égalité (2) $y_1 y_3 \ldots y_{2m-3} y_{2m-1} = x^m + 1$, en supposant toujours que m soit pair, se démontre d'une manière semblable. Les facteurs du premier membre sont deux à deux égaux entre eux; car on a évidemment

$$y_1 = y_{2m-1}, \quad y_3 = y_{2m-3}, \ldots.$$

Il s'ensuit

$$y_1 y_{2m-1} = y_1^2, \quad y_3 y_{2m-3} = y_3^2, \ldots.$$

Mais le triangle CB1 donne

$$\begin{aligned} y_1^2 &= x^2 + 1 - 2x\cos\frac{\pi}{m} \\ &= \left(x - \cos\frac{\pi}{m} - \sqrt{-1}\sin\frac{\pi}{m}\right)\left(x - \cos\frac{\pi}{m} + \sqrt{-1}\sin\frac{\pi}{m}\right); \end{aligned}$$

c'est-à-dire que y_1^2 ou $y_1 y_{2m-1}$ représente le facteur réel du second degré de $x^m + 1 = 0$ correspondant aux deux racines imaginaires conjuguées $\cos\frac{\pi}{m} \pm \sqrt{-1}\sin\frac{\pi}{m}$, obtenues en remplaçant, dans la formule générale

$$x = \cos\frac{(2K+1)\pi}{m} \pm \sqrt{-1}\sin\frac{(2K+1)\pi}{m} \text{ (page 132)},$$

le nombre K par 0.

De même, le produit $y_3 y_{2m-3}$ correspond au facteur réel du second degré, déterminé par les deux racines imaginaires que donne l'hypothèse

$K = 1$, et ainsi de suite. On a donc

$$(2) \qquad y_1 y_3 \ldots y_{2m-3} y_{2m-1} = x^m + 1.$$

Lorsque m est impair, le nombre des facteurs du produit $y_0 y_2 \ldots y_{2m-2}$ est aussi un nombre impair. Le premier facteur $y_0 = x - 1$ correspond à la seule racine réelle $x = 1$ de $x^m - 1 = 0$. D'ailleurs, on a toujours

$$y_2 y_{2m-2} = y_2^2 = x^2 + 1 - 2x \cos \frac{2\pi}{m},$$

$$y_4 y_{2m-4} = y_4^2 = x^2 + 1 - 2x \cos \frac{4\pi}{m},$$

$$\ldots\ldots\ldots\ldots\ldots\ldots\ldots\ldots\ldots;$$

et les seconds membres de ces égalités sont encore les facteurs réels du second degré de $x^m - 1 = 0$ correspondant aux racines imaginaires, deux à deux conjuguées, de cette équation ; il en faut conclure, comme précédemment,

$$(1) \qquad y_0 y_2 y_4 \ldots y_{2m-4} y_{2m-2} = x^m - 1.$$

Le nombre m étant impair, y_m ou $(x + 1)$ est facteur du premier membre de l'égalité à démontrer :

$$(2) \qquad y_1 y_2 y_3 \ldots y_{(2m-3)} y_{(2m-1)} = x^m + 1 ;$$

ce facteur $x + 1$ du premier degré est donné par la seule racine réelle $x = -1$ de $x^m + 1 = 0$; les autres facteurs $y_1, y_3, \ldots, y_{(2m-3)}, y_{(2m-1)}$ sont deux à deux égaux entre eux, et les produits $y_1 y_{2m-1}$, $y_3 y_{2m-3}$, ... de ces facteurs égaux représentent, comme on l'a déjà vu, les facteurs réels du second degré, de $x^m + 1 = 0$, déterminés par les racines imaginaires conjuguées de $x^m + 1 = 0$; on a donc encore

$$(2) \qquad y_1 y_3 \ldots y_{2m-3} y_{2m-1} = x^m + 1.$$

111. Dans la démonstration précédente, on a supposé que le point B (*fig.* 37) est extérieur au cercle dont le rayon $C_0 = 1$; alors $x^m - 1$ est une quantité positive.

Si le point B était intérieur au cercle, la relation (1), n° **110**, deviendrait

$$y_0 y_2 \ldots y_{2m-4} y_{2m-2} = 1 - x^m.$$

Lorsque le point B est sur la circonférence considérée, l'égalité (1) est évidente, puisqu'on a, à la fois, $y_0 = 0$ et $x^m - 1 = 0$.

112. Le théorème de *Côtes* est un cas particulier de la proposition suivante, qui est due à *Moivre* :

Considérez une circonférence quelconque divisée en un nombre pair, $2m$, *de parties égales, aux points* 0, 1, 2, ..., $(2m - 1)$ (*fig.* 38) ; *et d'un point quelconque* B, *pris sur le plan du cercle, menez des droites* B_0, B_1, B_2, ..., B_{2m-1} *à tous ces points de division, et une droite* BC *au centre du cercle. Cette dernière droite prolongée, s'il est nécessaire, au delà du point* B, *coupera la circonférence en un point* D.

Puis, *nommez* α *un arc égal à l'arc* D_0 *multiplié par* m; x *la distance* BC, *du point* B *au centre* C; *et* $y_0, y_1, y_2, \ldots, y_{2m-1}$ *les droites* B_0, B_1, $B_2, \ldots, B_{2m-1}$, *menées du point* B *aux différents points de division de la circonférence donnée, dont le rayon est pris pour unité :* je dis que *les quantités* α, x, $y_0, y_1, y_2, \ldots, y_{2m-1}$ *seront liées entre elles par les deux relations*

$$(1)\qquad (y_0 y_2 \cdots y_{2m-2})^2 = x^{2m} - 2x^m \cos\alpha + 1,$$
$$(2)\qquad (y_1 y_3 \cdots y_{2m-1})^2 = x^{2m} + 2x^m \cos\alpha + 1.$$

Ces deux relations résultent de la décomposition des trinômes

$$x^{2m} - 2x^m \cos\alpha + 1, \quad x^{2m} + 2x^m \cos\alpha + 1$$

en facteurs réels du second degré.

En effet, on a

$$x^{2m} - 2x^m \cos\alpha + 1 = (x^m - \cos\alpha - \sqrt{-1}\sin\alpha)(x^m - \cos\alpha + \sqrt{-1}\sin\alpha).$$

D'autre part, les racines des équations

$$x^m = \cos\alpha + \sqrt{-1}\sin\alpha \quad \text{et} \quad x^m = \cos\alpha - \sqrt{-1}\sin\alpha,$$

sont données, respectivement, par les formules

$$x = \cos\frac{2K\pi + \alpha}{m} + \sqrt{-1}\sin\frac{2K\pi + \alpha}{m},$$
$$x = \cos\frac{2K\pi + \alpha}{m} - \sqrt{-1}\sin\frac{2K\pi + \alpha}{m},$$

dans lesquelles, on remplace K par o, 1, 2, ..., $(m-1)$ (n°s 105 et 106).

Il s'ensuit que les facteurs réels du second degré du trinôme

$$x^{2m} - 2x^m \cos\alpha + 1$$

s'obtiennent en substituant à K les valeurs o, 1, 2, ..., $(m-1)$ dans l'expression

$$\left(x - \cos\frac{2K\pi + \alpha}{m} - \sqrt{-1}\sin\frac{2K\pi + \alpha}{m}\right)\left(x - \cos\frac{2K\pi + \alpha}{m} + \sqrt{-1}\sin\frac{2K\pi + \alpha}{m}\right),$$

qui se réduit à

$$x^2 - 2x\cos\frac{2K\pi + \alpha}{m} + 1.$$

Les facteurs dont il s'agit sont donc

$$x^2 - 2x\cos\frac{\alpha}{m} + 1,$$
$$x^2 - 2x\cos\frac{2\pi + \alpha}{m} + 1,$$
$$\ldots\ldots\ldots\ldots\ldots\ldots$$
$$x^2 - 2x\cos\frac{(2m-2)\pi + \alpha}{m} + 1.$$

Or, il est facile de reconnaître, au moyen des triangles CB_0, $CB_2, \ldots$, CB_{2m-2} que ces diviseurs du second degré représentent les carrés des droites B_0, $B_2, \ldots$, B_{2m-2} ou $y_0^2, y_2^2, \ldots, y_{2m-2}^2$; par conséquent

(1) $$(y_0 y_2 \ldots y_{2m-2})^2 = x^{2m} - 2x^m \cos\alpha + 1.$$

On établira, de même, l'égalité

(2) $$(y_1 y_3 \ldots y_{2m-1})^2 = x^{2m} + 2x^m \cos\alpha + 1,$$

en observant que

$$x^{2m} + 2x^m \cos\alpha + 1 = (x^m + \cos\alpha - \sqrt{-1}\sin\alpha)(x^m + \cos\alpha + \sqrt{-1}\sin\alpha),$$

et qu'en outre les racines des équations

$$x^m = -\cos\alpha + \sqrt{-1}\sin\alpha \quad \text{et} \quad x^m = -\cos\alpha - \sqrt{-1}\sin\alpha,$$

sont déterminées par les formules

$$x = \cos\frac{(2K+1)\pi + \alpha}{m} - \sqrt{-1}\sin\frac{(2K+1)\pi + \alpha}{m}$$

et

$$x = \cos\frac{(2K+1)\pi + \alpha}{m} + \sqrt{-1}\sin\frac{(2K+1)\pi + \alpha}{m},$$

où le nombre K est successivement remplacé par $0, 1, 2, \ldots, (m-1)$.

Lorsque $\alpha = 0$, les égalités (1) et (2) reviennent à

$$(y_0 y_2 \ldots y_{2m-2}) = \pm(x^m - 1); \quad \text{et} \quad (y_1 y_3 \ldots y_{2m-1}) = x^m + 1;$$

ce qui fait voir que le théorème de *Côtes* se déduit de celui de *Moivre*.

Résolution de l'équation du troisième degré au moyen des Tables trigonométriques.

113. Soit $x^3 + ax^2 + bx + c = 0$, l'équation proposée; on fera d'abord disparaître le second terme, en remplaçant x par $\left(x - \frac{a}{3}\right)$, ce qui donnera l'équation $x^3 + \left(b - \frac{a^2}{3}\right)x + \left(c + \frac{2a^3}{27} - \frac{ab}{3}\right) = 0$, que nous représenterons par

(1) $$x^3 + px + q = 0.$$

Il y a maintenant deux cas à distinguer, suivant que la quantité $4p^3 + 27q^2$ est négative ou positive (*).

Dans le premier, l'équation (1) peut être ramenée à la forme

(2) $$z^3 - \frac{3}{4}z + \frac{1}{4}\sin\alpha = 0,$$

α désignant un angle réel déterminé.

(*) Quand cette quantité est nulle, l'équation $x^3 + px + q = 0$ admet la racine $\frac{3q}{p}$, et ses deux autres racines sont égales à $-\frac{3q}{2p}$.

En effet, la substitution de hz à x transforme l'équation (1) en celle-ci :

(3) $$z^3 + \frac{p}{h^2} z + \frac{q}{h^3} = 0,$$

que l'on rend identique à l'équation (2), en posant

$$\frac{p}{h^2} = -\frac{3}{4}, \quad \frac{q}{h^3} = \frac{\sin\alpha}{4},$$

relations d'où l'on tire :

$$h = \sqrt{\frac{-4p}{3}}; \quad \sin\alpha = -\frac{3q}{p\sqrt{\frac{-4p}{3}}}; \quad \sin^2\alpha = \frac{27q^2}{-4p^3}.$$

Or l'hypothèse $4p^3 + 27q^2 < 0$ donne $p < 0$ et $\frac{27q^2}{-4p^3} < 1$; donc h et $\sin\alpha$ sont réels, et $\sin\alpha$ est compris entre $+1$ et -1.

L'égalité $\sin\alpha = -\frac{3q}{p\sqrt{\frac{-4p}{3}}}$ déterminera un angle réel α ; et, comme les racines de l'équation $z^3 - \frac{3}{4}z + \frac{1}{4}\sin\alpha = 0$ sont

$$\sin\frac{\alpha}{3}, \quad \sin\frac{\alpha + 2\pi}{3}, \quad \sin\frac{\alpha + 4\pi}{3}$$ (n° 21, p. 18 et 19),

les racines de l'équation $x^3 + px + q = 0$ auront pour valeurs

$$\sqrt{\frac{-4p}{3}}\sin\frac{\alpha}{3}, \quad \sqrt{\frac{-4p}{3}}\sin\frac{\alpha + 2\pi}{3}, \quad \sqrt{\frac{-4p}{3}}\sin\frac{\alpha + 4\pi}{3},$$

quantités réelles et calculables par logarithmes.

114. Lorsque $4p^3 + 27q^2$ est positif, la transformation que nous venons d'employer n'est plus applicable. Dans ce cas, les racines de l'équation (1) (n° 113) se déterminent par le calcul suivant.

En remplaçant x par $y + z$, l'équation

(1) $$x^3 + px + q = 0$$

devient

$$(y + z)^3 + p(y + z) + q = 0,$$

ou

(2) $$(y^3 + z^3) + (3yz + p)(y + z) + q = 0.$$

Les deux inconnues auxiliaires y, z n'étant liées que par l'équation précédente, on peut établir entre elles cette nouvelle relation $3yz + p = 0$, qui réduit l'équation (2) à $y^3 + z^3 = -q$.

D'autre part, $3yz + p = 0$ donne : $yz = -\frac{p}{3}$, $y^3z^3 = -\frac{p^3}{27}$; donc

y^3 et z^3 sont les deux racines de l'équation du second degré

$$X^2 + qX - \frac{p^3}{27} = 0,$$

et, par conséquent, on a

$$(3) \qquad y^3 = -\frac{q}{2} + \sqrt{\frac{q^2}{4} + \frac{p^3}{27}},$$

et

$$(4) \qquad z^3 = -\frac{q}{2} - \sqrt{\frac{q^2}{4} + \frac{p^3}{27}}.$$

Il est évident que ces valeurs de y^3 et z^3 sont réelles, puisque l'hypothèse $4p^3 + 27q^2 > 0$ revient à $\frac{q^2}{4} + \frac{p^3}{27} > 0$.

En nommant α et β les deux racines imaginaires cubiques de l'unité, et A, B, les déterminations arithmétiques des radicaux

$$\sqrt[3]{-\frac{q}{2} + \sqrt{\frac{q^2}{4} + \frac{p^3}{27}}}, \quad \sqrt[3]{-\frac{q}{2} - \sqrt{\frac{q^2}{4} + \frac{p^3}{27}}},$$

les racines des équations (3) et (4) seront respectivement

$$A,\ A\alpha,\ A\beta \quad \text{et} \quad B,\ B\alpha,\ B\beta;$$

mais, pour en déduire les valeurs de x données par la relation $x = y + z$, il faut avoir égard à ce que le produit des valeurs de y et de z, correspondant à celle de x, est une quantité réelle, $-\frac{p}{3}$. De là, on conclut facilement que l'équation $x^3 + px + q = 0$ a pour racines

$$A + B, \quad A\alpha + B\beta, \quad A\beta + B\alpha,$$

ou $\left(\text{parce que } \alpha = \frac{-1 + \sqrt{3}\sqrt{-1}}{2} \text{ et } \beta = \frac{-1 - \sqrt{3}\sqrt{-1}}{2}\right)$

$$A + B, \quad -\frac{1}{2}(A + B) \pm \frac{1}{2}\sqrt{3}(A - B)\sqrt{-1}.$$

Il reste à calculer $A + B$ et $A - B$ au moyen des Tables trigonométriques.

1° Si le coefficient p est négatif, on posera $-\frac{4p^3}{27q^2} = \sin^2\varphi$; il en résultera (n° 27, page 26) :

$$-\frac{q}{2} + \sqrt{\frac{q^2}{4} + \frac{p^3}{27}} = -q\sin^2\frac{\varphi}{2} \quad \text{et} \quad -\frac{q}{2} - \sqrt{\frac{q^2}{4} + \frac{p^3}{27}} = -q\cos^2\frac{\varphi}{2};$$

et, par suite :

$$A = \sqrt[3]{-q\sin^2\frac{\varphi}{2}} \quad \text{et} \quad B = \sqrt[3]{-q\cos^2\frac{\varphi}{2}}.$$

D'autre part, l'équation $-\frac{4p^3}{27q^2} = \sin^2\varphi$ donne $\sin\varphi = \pm\frac{2}{q}\sqrt{-\frac{p^3}{27}}$, et, si l'on prend pour $\sin\varphi$ la valeur $-\frac{2}{q}\sqrt{-\frac{p^3}{27}}$, d'où $q=-\frac{2}{\sin\varphi}\sqrt{-\frac{p^3}{27}}$, on aura, en remplaçant le coefficient q par cette valeur :

$$A=\sqrt{-\frac{p}{3}}\sqrt[3]{\frac{2\sin^2\frac{\varphi}{2}}{\sin\varphi}}=\sqrt{-\frac{p}{3}}\sqrt[3]{\operatorname{tang}\frac{\varphi}{2}}$$

et

$$B=\sqrt{-\frac{p}{3}}\sqrt[3]{\frac{2\cos^2\frac{\varphi}{2}}{\sin\varphi}}=\sqrt{-\frac{p}{3}}\sqrt[3]{\cot\frac{\varphi}{2}}.$$

Actuellement, nommons ψ un angle tel qu'on ait

$$\operatorname{tang}\psi=\sqrt[3]{\operatorname{tang}\frac{\varphi}{2}}\quad\text{et}\quad\cot\psi=\sqrt[3]{\cot\frac{\varphi}{2}},$$

il s'ensuivra

$$A+B=\sqrt{-\frac{p}{3}}(\operatorname{tang}\psi+\cot\psi)=\frac{2\sqrt{-\frac{p}{3}}}{\sin 2\psi}$$

et

$$A-B=\sqrt{-\frac{p}{3}}(\operatorname{tang}\psi-\cot\psi)=-2\sqrt{-\frac{p}{3}}\cot 2\psi.$$

Donc, la racine réelle de l'équation $x^3+px+q=0$ est donnée par la formule $\frac{2\sqrt{-\frac{p}{3}}}{\sin 2\psi}$ calculable par logarithmes, et les deux racines imaginaires ont pour expression

$$-\frac{\sqrt{-\frac{p}{3}}}{\sin 2\psi}\pm\sqrt{-p}\cot 2\psi\sqrt{-1}.$$

2° Soit $p>0$. En posant $\frac{4p^3}{27q^2}=\operatorname{tang}^2\varphi$, on aura (n° 27, page 25) :

$$-\frac{q}{2}+\sqrt{\frac{q^2}{4}+\frac{p^2}{27}}=\frac{q\sin^2\frac{\varphi}{2}}{\cos\varphi}$$

et

$$-\frac{q}{2}-\sqrt{\frac{q^2}{4}+\frac{p^2}{27}}=-\frac{q\cos^2\frac{\varphi}{2}}{\cos\varphi},$$

d'où

$$A=\sqrt[3]{\frac{q\sin^2\frac{\varphi}{2}}{\cos\varphi}}\quad\text{et}\quad B=\sqrt[3]{-\frac{q\cos^2\frac{\varphi}{2}}{\cos\varphi}}.$$

Si dans ces deux dernières égalités, on remplace le coefficient q par sa valeur $\frac{2}{\tang\varphi}\sqrt{\frac{p^3}{27}}$ tirée de l'équation $\frac{4p^3}{27q^2} = \tang^2\varphi$, il viendra

$$A = \sqrt{\frac{p}{3}}\sqrt[3]{\frac{2\sin^2\frac{\varphi}{2}}{\tang\varphi\cos\varphi}} = \sqrt{\frac{p}{3}}\sqrt[3]{\tang\frac{\varphi}{2}},$$

$$B = -\sqrt{\frac{p}{3}}\sqrt[3]{\frac{2\cos^2\frac{\varphi}{2}}{\tang\varphi\cos\varphi}} = -\sqrt{\frac{p}{3}}\sqrt[3]{\cot\frac{\varphi}{2}}.$$

Enfin, en nommant ψ un angle tel qu'on ait

$$\tang\psi = \sqrt[3]{\tang\frac{\varphi}{2}} \quad \text{et} \quad \cot\psi = \sqrt[3]{\cot\frac{\varphi}{2}},$$

les valeurs de A et B se réduiront à

$$A = \sqrt{\frac{p}{3}}\tang\psi \quad \text{et} \quad B = -\sqrt{\frac{p}{3}}\cot\psi;$$

ce qui donnera

$$A + B = \sqrt{\frac{p}{3}}(\tang\psi - \cot\psi) = -2\sqrt{\frac{p}{3}}\cot 2\psi$$

et

$$A - B = \sqrt{\frac{p}{3}}(\tang\psi + \cot\psi) = \frac{2\sqrt{\frac{p}{3}}}{\sin 2\psi}.$$

Les racines de l'équation $x^3 + px + q = 0$ seront donc, dans l'hypothèse $p > 0$:

$$-2\sqrt{\frac{p}{3}}\cot 2\psi \quad \text{et} \quad \sqrt{\frac{p}{3}}\cot 2\psi \pm \frac{\sqrt{p}}{\sin 2\psi}\sqrt{-1}.$$

Il résulte de ce calcul que si la quantité $4p^3 + 27q^2$ est positive, l'équation $x^3 + px + q = 0$ a deux racines imaginaires. Les formules obtenues permettent de calculer les parties réelles de ces racines, et les coefficients de $\sqrt{-1}$, par le moyen des Tables trigonométriques.

L'expression qui détermine la valeur de la racine réelle est, de même, calculable par logarithmes.

CHAPITRE VI.

NOTIONS SUR LES DÉRIVÉES DES FONCTIONS CIRCULAIRES DIRECTES ET INVERSES. — DÉVELOPPEMENTS EN SÉRIES CONVERGENTES DE $\sin x$, $\cos x$, arc tang x. — CALCUL DU RAPPORT DE LA CIRCONFÉRENCE AU DIAMÈTRE.

Dérivées des fonctions circulaires directes et inverses.

115. Lorsqu'il existe entre deux quantités variables y, x, une liaison telle, que la valeur de l'une d'elles dépende de la valeur attribuée à l'autre, on dit que l'une de ces deux quantités est *fonction* de l'autre. Par exemple, le sinus d'un arc est une fonction de l'arc, et inversement l'arc est une fonction du sinus.

On peut donner à x des valeurs arbitraires et chercher les valeurs correspondantes de y : alors y est considérée comme une fonction de x, et la variable x est nommée *la variable indépendante*. Si, au contraire, on donne à y des valeurs quelconques, et que l'on cherche les valeurs correspondantes de x, dans ce cas x est la fonction, et y la variable indépendante. Ainsi, lorsqu'on s'occupe des valeurs que prend le sinus d'un arc qui varie entre certaines limites, l'arc est la variable indépendante et le sinus est la fonction. Si l'on considère les valeurs d'un arc correspondantes à de certaines valeurs attribuées au sinus, c'est le sinus qui représente la variable indépendante, et l'arc est la fonction.

116. Quand l'une des deux quantités variables, y, x, est un arc et que l'autre est une ligne trigonométrique de cet arc, quelle que soit celle de ces deux quantités que l'on prenne pour fonction, la fonction est dite *circulaire*. Si la variable indépendante est l'arc, la fonction est *circulaire directe*. Si l'on prend pour variable indépendante la ligne trigonométrique, la fonction est *circulaire inverse*.

117. Il se peut que pour une seule valeur donnée à la variable, x, indépendante, une fonction y prenne plusieurs valeurs différentes; c'est ce qui aurait lieu si, par exemple, on avait $y = 1 \pm \sqrt{x}$. Dans ce cas, on pourra, en séparant les expressions $1 + \sqrt{x}$, $1 - \sqrt{x}$, considérer les valeurs de y comme étant données par des fonctions distinctes $1 + \sqrt{x}$, $1 - \sqrt{x}$, dont chacune n'admet qu'une seule valeur pour une valeur déterminée de la variable.

Supposons que la variable indépendante, x, soit un sinus, et que la fonction, y, soit l'arc correspondant. En attribuant à x une valeur particulière b, on aura pour la fonction y une infinité de valeurs déterminées par les formules $2n\pi + \alpha$, $(2n+1)\pi - \alpha$, dans lesquelles α représente le plus petit arc positif dont le sinus est b.

Et, généralement, en désignant par z le plus petit arc positif dont la variable indépendante x est le sinus, y représentera une infinité de fonctions :

$$(1) \qquad z, \quad 2\pi + z, \quad 4\pi + z, \ldots,$$

$$(2) \qquad \pi - z, \quad 3\pi - z, \quad 5\pi - z, \ldots,$$

dont chacune ne prendra qu'une seule valeur pour une valeur attribuée à la variable indépendante x.

Nous admettrons, dans ce qui va suivre, que les fonctions considérées ne prennent qu'une seule valeur correspondante à une valeur attribuée à la variable dont elles dépendent.

118. Soit $f(x)$ une fonction de x; si l'on donne à une valeur, x, de la variable indépendante un *accroissement* h, la différence $f(x+h) - f(x)$ des valeurs correspondantes de la fonction sera nommée l'*accroissement* de la fonction, quel que soit le signe de la différence $f(x+h) - f(x)$. Cela posé, concevons que l'on fasse croître x depuis a jusqu'à b (a et b étant deux nombres donnés); si dans cet intervalle des valeurs substituées à x, la fonction reste constamment réelle et finie, et qu'en outre son accroissement $f(x+h) - f(x)$ puisse être rendu moindre que toute quantité donnée δ, en attribuant à h une valeur suffisamment petite, on dira que, dans l'intervalle dont il s'agit, la fonction est *continue*.

Ainsi, en considérant la tangente comme une fonction de l'*arc*, cette fonction est continue pour des valeurs de la variable comprises entre 0 et $\frac{\pi}{2}$ exclusivement; mais il y a solution de continuité quand l'arc passe par la valeur $\frac{\pi}{2}$, parce que la fonction devient infinie.

119. « La *dérivée* d'une fonction continue quelconque est la limite vers » laquelle tend le rapport de l'accroissement de la fonction à l'accroisse- » ment de la variable, lorsque celui-ci tend vers zéro. »

De sorte que, si l'on désigne par $f'(x)$ la dérivée de $f(x)$, on a par définition

$$f'(x) = \lim \frac{f(x+h) - f(x)}{h}, \quad \text{pour} \quad h = 0.$$

120. Cherchons maintenant les dérivées des *fonctions circulaires directes*.

1° Soit $f(x) = \sin x$; on aura

$$f'(x) = \lim \frac{\sin(x+h) - \sin x}{h}, \quad \text{pour} \quad h = 0.$$

Or,

$$\frac{\sin(x+h)-\sin x}{h} = \frac{2\cos\left(x+\frac{h}{2}\right)\sin\frac{h}{2}}{h} = \cos\left(x+\frac{h}{2}\right)\times\frac{\sin\frac{h}{2}}{\frac{h}{2}}.$$

Mais, à la limite $h=0$, $\cos\left(x+\frac{h}{2}\right)$ se réduit à $\cos x$, et $\dfrac{\sin\frac{h}{2}}{\frac{h}{2}}$ devient égal à l'unité (n° 32, 2°); donc, la dérivée de $\sin x$ est $\cos x$.

En général, soit $\varphi(x)$ une fonction quelconque de l'arc x, ayant pour dérivée $\varphi'(x)$; la dérivée de $\sin\varphi(x)$ sera $\varphi'(x)\cos\varphi(x)$. Cela résulte évidemment de la règle exposée dans les éléments d'algèbre pour déterminer la dérivée d'une fonction de fonctions.

2° S'il s'agit de la dérivée d'un cosinus, il faudra chercher la limite de $\dfrac{\cos(x+h)-\cos x}{h}$ quand h devient nul.

On a

$$\frac{\cos(x+h)-\cos x}{h} = -\frac{2\sin\left(x+\frac{h}{2}\right)\sin\frac{h}{2}}{h} = -\sin\left(x+\frac{h}{2}\right)\times\frac{\sin\frac{h}{2}}{\frac{h}{2}},$$

quand $h=0$, ce dernier produit se réduit à $-\sin x$; donc la dérivée de $\cos x$ est $-\sin x$.

On parvient au même résultat de la manière suivante :

$$\cos x = \sin\left(\frac{\pi}{2}-x\right).$$

La dérivée de $\sin\left(\frac{\pi}{2}-x\right)$ est

$$-1\times\cos\left(\frac{\pi}{2}-x\right),\quad\text{ou}\quad -\sin x.$$

Il s'ensuit que la dérivée de $\cos\varphi(x)$ est

$$-\varphi'(x)\sin\varphi(x).$$

3° Pour trouver directement la dérivée de $\operatorname{tang} x$, on observera que

$$\operatorname{tang} h = \operatorname{tang}[(x+h)-x] = \frac{\operatorname{tang}(x+h)-\operatorname{tang} x}{1+\operatorname{tang}(x+h)\operatorname{tang} x};$$

d'où

$$\frac{\operatorname{tang}(x+h)-\operatorname{tang} x}{h} = \frac{\operatorname{tang} h}{h}[1+\operatorname{tang}(x+h)\operatorname{tang} x].$$

A la limite $h=0$, on a

$$\frac{\operatorname{tang} h}{h}=1,\quad 1+\operatorname{tang}(x+h)\operatorname{tang} x = 1+\operatorname{tang}^2 x = \operatorname{séc}^2 x;$$

donc, la dérivée de $\tan x$ est $\sec^2 x$ ou $\frac{1}{\cos^2 x}$. Et, en général, la dérivée de $\tan \varphi(x)$ sera $\varphi'(x)\sec^2\varphi(x)$ ou $\frac{\varphi'(x)}{\cos^2\varphi(x)}$.

La dérivée de $\tan x$ s'obtient plus simplement au moyen de la formule $\tan x = \frac{\sin x}{\cos x}$ et de la règle qui détermine la dérivée d'une expression fractionnaire ; car il résulte de cette règle que la dérivée de $\tan x$ est $\frac{\cos^2 x + \sin^2 x}{\cos^2 x} = \frac{1}{\cos^2 x}$.

En appliquant la même règle aux formules

$$\cot x = \frac{\cos x}{\sin x}, \quad \sec x = \frac{1}{\cos x}, \quad \operatorname{cosec} x = \frac{1}{\sin x},$$

et désignant par $\delta_x \cot x$, $\delta_x \sec x$, $\delta_x \operatorname{cosec} x$, les dérivées de $\cot x$, $\sec x$, $\operatorname{cosec} x$, on trouvera :

4° $\delta_x \cot x = -\operatorname{cosec}^2 x$;

5° $\delta_x \sec x = \tan x \sec x$;

6° $\delta_x \operatorname{cosec} x = -\cot x \operatorname{cosec} x$.

121. *Dérivées des fonctions circulaires inverses.* — Nous désignerons par arc $\sin x$ l'arc dont le sinus est x ; de même arc $\cos x$ sera l'arc dont le cosinus est x, etc.

Pour déterminer la dérivée de arc $\sin x$, posons $y = \text{arc} \sin x$; d'où $x = \sin y$. Dans cette dernière relation, $\sin y$ représente une fonction d'une fonction de la variable indépendante x ; car $\sin y$ est fonction de y, et y est fonction de x. Donc, en désignant par y' la dérivée de y par rapport à x, l'égalité $x = \sin y$ donnera

$$1 = y' \cos y,$$

d'où

$$y' = \frac{1}{\cos y} = \frac{1}{\pm\sqrt{1-\sin^2 y}} = \pm \frac{1}{\sqrt{1-x^2}}.$$

Ainsi, on trouve pour la dérivée de l'arc dont le sinus est x ces deux expressions $+\frac{1}{\sqrt{1-x^2}}$, $-\frac{1}{\sqrt{1-x^2}}$, qui représentent des valeurs égales, mais de signes contraires. C'est un résultat qui pouvait être prévu. En effet, on sait qu'en désignant par z le plus petit arc positif ayant x pour sinus, les valeurs de y seront données par les fonctions

(1) $z, \quad 2\pi + z, \quad 4\pi + z, \ldots,$

(2) $\pi - z, \quad 3\pi - z, \quad 5\pi - z, \ldots,$

dont chacune prend une valeur unique pour une valeur déterminée de la variable ; si z' représente la dérivée de z, toutes les fonctions (1) auront pour dérivée z', et les fonctions (2), $-z'$. D'où il suit $y' = \pm z'$.

Au reste, la formule $y' = \frac{1}{\cos y}$ montre qu'il faut donner au radical $\sqrt{1-x^2}$ le signe $+$ ou le signe $-$, suivant que le cosinus de y sera positif ou négatif.

La dérivée de la fonction arc $\cos x$ s'obtient par un calcul entièrement semblable au précédent. Soit $y = \text{arc}\cos x$, ou $x = \cos y$; on aura, en nommant y' la dérivée de y,

$$1 = -y' \sin y;\quad y' = -\frac{1}{\sin y} = \mp \frac{1}{\sqrt{1-x^2}}.$$

Il est d'ailleurs à remarquer que la dérivée de la fonction arc $\cos x$ peut être déduite de celle de arc $\sin x$; car, en posant $y = \text{arc}\sin x$, $z = \text{arc}\cos x$, on aura

$$x = \sin y,\quad x = \cos z;$$

$$\sin y = \cos z = \sin\left(\frac{\pi}{2} - z\right).$$

D'où

$$\frac{\pi}{2} - z = 2n\pi + y,\quad \text{ou}\quad \frac{\pi}{2} - z = (2n+1)\pi - y,$$

ce qui donne

$$z' = \mp y'.$$

122. Pour trouver la dérivée de arc tang x, posons $y = \text{arc tang}\, x$, il viendra successivement :

$$x = \text{tang}\, y;\quad 1 = y' \text{séc}^2 y \text{ (page 148)};\quad y' = \frac{1}{\text{séc}^2 y} = \frac{1}{1+x^2}.$$

On ne trouve ici qu'une seule expression pour la dérivée, parce que, en désignant par z le plus petit arc positif dont la tangente est x, les valeurs de y sont

$$z,\quad \pi + z,\quad 2\pi + z, \ldots,$$

qui ont toutes la même dérivée z'.

Il sera facile, au moyen de ce qui précède, de déterminer les dérivées des fonctions arc $\cot x$, arc séc x, arc coséc x, dans lesquelles x est la variable indépendante.

Développement du sinus et du cosinus d'un arc en fonction de l'arc.

123. En désignant par x un arc positif quelconque, on a

$$(1)\qquad x - \sin x > 0.$$

Or, $x - \sin x$ est la dérivée de la fonction $\frac{x^2}{1.2} + \cos x + C$, dans laquelle C représente une constante arbitraire; donc, cette fonction est croissante, quelle que soit la valeur de C, quand la variable x est positive (*).

(*) On démontre en algèbre qu'une fonction continue est croissante ou décroissante, suivant que sa première dérivée est positive ou négative.

Remarquons, de plus, qu'on peut attribuer à la constante C une valeur telle, que la fonction $\frac{x^2}{1.2} + \cos x + C$ se réduise à zéro, en même temps que la variable x; car, pour remplir cette condition, il suffit de poser $C = -1$: on obtient alors la fonction $\frac{x^2}{1.2} - 1 + \cos x$, qui est nécessairement positive pour des valeurs positives de x, puisqu'elle est croissante en partant de zéro. Par conséquent l'inégalité (1) conduit à

$$(2) \qquad \frac{x^2}{1.2} - 1 + \cos x > 0.$$

On peut, de même, considérer le premier membre de l'inégalité (2) comme la dérivée de la fonction primitive $\frac{x^3}{1.2.3} - x + \sin x + C$, et disposer de la constante arbitraire C, de manière que cette fonction s'annule quand $x = 0$, ce qui donne $C = 0$. Il en résulte que l'expression $\frac{x^3}{1.2.3} - x + \sin x$ est positive pour des valeurs positives de x; donc l'inégalité (2) conduit à

$$(3) \qquad \frac{x^3}{1.2.3} - x + \sin x > 0.$$

En continuant ainsi, on trouve successivement

$$(4) \qquad \frac{x^4}{1.2.3.4} - \frac{x^2}{1.2} + 1 - \cos x > 0;$$

$$(5) \qquad \frac{x^5}{1.2.3.4.5} - \frac{x^3}{1.2.3} + x - \sin x > 0;$$

$$(6) \qquad \frac{x^6}{1.2.3.4.5.6} - \frac{x^4}{1.2.3.4} + \frac{x^2}{1.2} - 1 + \cos x > 0;$$

$$(7) \qquad \frac{x^7}{1.2.3.4.5.6.7} - \frac{x^5}{1.2.3.4.5} + \frac{x^3}{1.2.3} - x + \sin x > 0;$$

....

D'après les inégalités (1), (3), (5), (7),..., on a :

$$\sin x < x,$$

$$\sin x > x - \frac{x^3}{1.2.3},$$

$$\sin x < x - \frac{x^3}{1.2.3} + \frac{x^5}{1.2.3.4.5},$$

$$\sin x > x - \frac{x^3}{1.2.3} + \frac{x^5}{1.2.3.4.5} - \frac{x^7}{1.2.3.4.5.6.7},$$

....

Et généralement :

$$\sin x < x - \frac{x^3}{1.2.3} + \frac{x^5}{1.2.3.4.5} - \frac{x^7}{1.2.3.4.5.6.7} + \dots + \frac{x^{2m-1}}{1.2.3\dots(2m-1)},$$

$$\sin x > x - \frac{x^3}{1.2.3} + \frac{x^5}{1.2.3.4.5} - \frac{x^7}{1.2.3.4.5.6.7} + \dots + \frac{x^{2m-1}}{1.2.3\dots(2m-1)} - \frac{x^{2m+1}}{1.2.3\dots(2m+1)};$$

d'où, en désignant par θ un nombre positif moindre que l'unité,

$$(1)\quad \begin{cases} \sin x = x - \dfrac{x^3}{1.2.3} + \dfrac{x^5}{1.2.3.4.5} - \dots + \dfrac{x^{2m-1}}{1.2.3\dots(2m-1)} \\ \qquad - \theta \dfrac{x^{2m+1}}{1.2.3\dots(2m+1)}. \end{cases}$$

Ainsi, la valeur de $\sin x$ est la limite de la série convergente

$$x - \frac{x^3}{1.2.3} + \frac{x^5}{1.2.3.4.5} - \dots.$$

124. Les inégalités (2), (4), (6),... (n° **123**), donnent

$$\cos x > 1 - \frac{x^2}{1.2};$$

$$\cos x < 1 - \frac{x^2}{1.2} + \frac{x^4}{1.2.3.4};$$

$$\cos x > 1 - \frac{x^2}{1.2} + \frac{x^4}{1.2.3.4} - \frac{x}{1.2.3.4.5.6};$$

....

et, généralement :

$$\cos x > 1 - \frac{x^2}{1.2} + \frac{x^4}{1.2.3.4} - \dots - \frac{x^{2m}}{1.2.3\dots 2m},$$

et

$$\cos x < 1 - \frac{x^2}{1.2} + \frac{x^4}{1.2.3.4} - \dots - \frac{x^{2m}}{1.2.3\dots 2m} + \frac{x^{2m+2}}{1.2.3\dots(2m+2)};$$

d'où il faut conclure

$$(2)\quad \begin{cases} \cos x = 1 - \dfrac{x^2}{1.2} + \dfrac{x^4}{1.2.3.4} - \dots - \dfrac{x^{2m}}{1.2.3\dots 2m} \\ \qquad + \theta \dfrac{x^{2m+2}}{1.2.3\dots(2m+2)}, \end{cases}$$

θ représentant un nombre positif moindre que l'unité.

Par conséquent, $\cos x$ est la limite de la série convergente

$$1 - \frac{x^2}{1.2} + \frac{x^4}{1.2.3.4} - \frac{x^6}{1.2.3.4.5.6} + \dots.$$

Remarque. L'inégalité (3) (page 150), $\frac{x^3}{1.2.3} - x + \sin x > 0$, revient à

$$x - \sin x < \frac{x^3}{6};$$

c'est-à-dire que *la différence entre un arc positif et son sinus est moindre que le sixième du cube de l'arc.*

Développement de la fonction arc tang x en série convergente, ordonnée suivant les puissances croissantes de x, lorsque cette variable reste comprise entre -1 et $+1$.

125. Soient arc tang $x = f(x)$, et $f'(x)$ la dérivée de $f(x)$, on aura (page 149)

$$f'(x) = \frac{1}{1+x^2},$$

ou, en effectuant la division de 1 par $1 + x^2$,

$$(1) \qquad f'(x) = 1 - x^2 + x^4 - x^6 + \ldots \mp x^{2n} \pm \frac{x^{2n+2}}{1+x^2}.$$

Posons

$$(2) \qquad \varphi(x) = \frac{x}{1} - \frac{x^3}{3} + \frac{x^5}{5} - \frac{x^7}{7} + \ldots \mp \frac{x^{2n+1}}{2n+1}.$$

Il viendra, en désignant par $\varphi'(x)$ la dérivée de $\varphi(x)$,

$$(3) \qquad \varphi'(x) = 1 - x^2 + x^4 - x^6 + \ldots \mp x^{2n},$$

et, par conséquent,

$$(4) \qquad f'(x) - \varphi'(x) = \pm \frac{x^{2n+2}}{1+x^2}.$$

1° Si $\frac{x^{2n+2}}{1+x^2}$ est précédé du signe +, l'égalité (4) devient

$$(5) \qquad f'(x) - \varphi'(x) = + \frac{x^{2n+2}}{1+x^2}.$$

Cette dernière relation montre que pour toute valeur réelle de x autre que 0, la différence $f'(x) - \varphi'(x)$ est constamment positive. Or, $f'(x) - \varphi'(x)$ est la dérivée de $f(x) - \varphi(x)$; donc, pour des valeurs croissantes de x, la fonction $f(x) - \varphi(x)$ est croissante.

Supposons que $f(x)$ représente le plus petit arc positif dont la tangente est x. Pour $x = 0$, on aura, à la fois, $f(x) = 0$, $\varphi(x) = 0$; d'où $f(x) - \varphi(x) = 0$; on sait d'ailleurs que la fonction $f(x) - \varphi(x)$ croît avec la variable x; donc, pour des valeurs positives de x, la valeur de $f(x) - \varphi(x)$ sera constamment positive. Ce qui donne $f(x) > \varphi(x)$, ou

$$(6) \qquad \text{arc tang}\, x > \frac{x}{1} - \frac{x^3}{3} + \frac{x^5}{5} - \frac{x^7}{7} + \ldots - \frac{x^{2n+1}}{2n+1}.$$

Actuellement, remarquons que de la relation (5),

$$f'(x) - \varphi'(x) = + \frac{x^{2n+2}}{1+x^2},$$

on peut conclure

$$f'(x) - \varphi'(x) < x^{2n+2}, \quad f'(x) - \varphi'(x) - x^{2n+2} < 0.$$

Mais $f'(x) - \varphi'(x) - x^{2n+2}$ est la dérivée de la fonction

$$f(x) - \varphi(x) - \frac{x^{2n+3}}{2n+3};$$

donc cette fonction décroît pour des valeurs croissantes de la variable x, et comme elle se réduit à zéro, lorsque $x = 0$, il faut qu'elle devienne négative pour des valeurs positives de x. Alors, on a

$$f(x) - \varphi(x) - \frac{x^{2n+3}}{2n+3} < 0,$$

d'où

$$f(x) < \varphi(x) + \frac{x^{2n+3}}{2n+3},$$

et, par suite,

$$(7) \quad \text{arc tang}\, x < \frac{x}{1} - \frac{x^3}{3} + \frac{x^5}{5} - \frac{x^7}{7} + \ldots - \frac{x^{2n+1}}{2n+1} + \frac{x^{2n+3}}{2n+3}.$$

Les inégalités (6), (7), donnent évidemment, en représentant par θ un nombre positif moindre que l'unité,

$$(8) \quad \text{arc tang}\, x = \frac{x}{1} - \frac{x^3}{3} + \frac{x^5}{5} - \frac{x^7}{7} + \ldots - \frac{x^{2n+1}}{2n+1} + \theta \frac{x^{2n+3}}{2n+3}.$$

Lorsque la valeur attribuée à la variable x n'est pas supérieure à l'unité, on peut, en donnant à n une valeur suffisamment grande, rendre le terme $\theta \frac{x^{2n+3}}{2n+3}$ moindre que toute quantité donnée. La série

$$\frac{x}{1} - \frac{x^3}{3} + \frac{x^5}{5} - \frac{x^7}{7} + \ldots$$

est alors convergente, et l'arc dont la tangente est x a pour valeur la limite de cette série. Ainsi, en admettant que x ne surpasse pas l'unité, on a

$$(9) \quad \text{arc tang}\, x = \frac{x}{1} - \frac{x^3}{3} + \frac{x^5}{5} - \frac{x^7}{7} + \ldots.$$

2° Si le second membre de l'égalité (4),

$$f'(x) - \varphi'(x) = \pm \frac{x^{2n+2}}{1+x^2},$$

était précédé du signe *moins*, la démonstration précédente conduirait aux inégalités

$$\text{arc tang}\, x < \frac{x}{1} - \frac{x^3}{3} + \frac{x^5}{x} - \frac{x^7}{7} + \ldots + \frac{x^{2n+1}}{2n+1},$$

$$\text{arc tang}\, x > \frac{x}{1} - \frac{x^3}{3} + \frac{x^5}{5} - \frac{x^7}{7} + \ldots + \frac{x^{2n+1}}{2n+1} - \frac{x^{2n+3}}{2n+3}.$$

On aurait alors, en désignant par θ un nombre positif, moindre que l'unité,

$$\text{arc tang}\, x = \frac{x}{1} - \frac{x^3}{3} + \frac{x^5}{5} - \frac{x^7}{7} + \ldots + \frac{x^{2n+1}}{2n+1} - \theta\,\frac{x^{2n+3}}{2n+3}.$$

Par conséquent, on arrivera toujours à cette conclusion : que pour des valeurs de x qui ne surpassent pas l'unité, la fonction arc tang$x$ est la limite de la série convergente $\frac{x}{1} - \frac{x^3}{3} + \frac{x^5}{5} - \frac{x^7}{7} + \ldots$.

Remarque. Deux arcs égaux et de signes contraires, ayant des tangentes qui sont, de même, égales et de signes contraires, on peut, dans la formule

$$\text{arc tang}\, x = \frac{x}{1} - \frac{x^3}{3} + \frac{x^5}{x} - \frac{x^7}{7} + \ldots,$$

donner à x des valeurs négatives, pourvu que, abstraction faite du signe, ces valeurs ne soient pas plus grandes que l'unité. Par conséquent, cette formule donne le développement de la fonction arc tang$x$ en série convergente ordonnée suivant les puissances croissantes de x, lorsque la variable reste comprise entre -1 et $+1$.

Calcul du rapport de la circonférence au diamètre.

126. Nommons a, b, deux arcs positifs dont la somme soit $\frac{\pi}{4}$; on aura $\text{tang}\, a < 1$, $\text{tang}\, b < 1$, et, par conséquent (n° 125),

$$(1)\qquad a = \frac{\text{tang}\, a}{1} - \frac{\text{tang}^3 a}{3} + \frac{\text{tang}^5 a}{5} - \frac{\text{tang}^7 a}{7} + \ldots,$$

$$(2)\qquad b = \frac{\text{tang}\, b}{1} - \frac{\text{tang}^3 b}{3} + \frac{\text{tang}^5 b}{5} - \frac{\text{tang}^7 b}{7} + \ldots.$$

Il en résulte

$$(3)\qquad \left\{\begin{aligned} \frac{\pi}{4} = {} & \frac{\text{tang}\, a}{1} - \frac{\text{tang}^3 a}{3} + \frac{\text{tang}^5 a}{5} - \frac{\text{tang}^7 a}{7} + \ldots \\ & + \frac{\text{tang}\, b}{1} - \frac{\text{tang}^3 b}{3} + \frac{\text{tang}^5 b}{5} - \frac{\text{tang}^7 b}{7} + \ldots. \end{aligned}\right.$$

La relation $a + b = \frac{\pi}{4}$ donne

$$\text{tang}(a + b) = \text{tang}\,\frac{\pi}{4} = 1;$$

et, d'après une formule connue,

$$\frac{\tang a + \tang b}{1 - \tang a \tang b} = 1;$$

$$\tang b = \frac{1 - \tang a}{1 + \tang a}.$$

On peut, sans que la formule (3) cesse d'être applicable, attribuer à $\tang a$ une valeur quelconque moindre que l'unité; mais, pour que les séries (1) et (2) soient, toutes deux, suffisamment convergentes, il faut éviter que l'une des valeurs $\tang a$, $\tang b$, soit trop rapprochée de 1; il convient aussi que les termes des fractions qui expriment les valeurs de $\tang a$ et de $\tang b$ renferment peu de chiffres. En prenant, par exemple,

$$\tang a = \frac{1}{2},$$

d'où

$$\tang b = \frac{1 - \frac{1}{2}}{1 + \frac{1}{2}} = \frac{1}{3},$$

on aura

$$\frac{\pi}{4} = \text{arc tang}\frac{1}{2} + \text{arc tang}\frac{1}{3};$$

$$\frac{\pi}{4} = \frac{1}{2} - \frac{1}{3.2^3} + \frac{1}{5.2^5} - \frac{1}{7.2^7} + \ldots + \frac{1}{3} - \frac{1}{3.3^3} + \frac{1}{5.3^5} - \frac{1}{7.3^7} + \ldots.$$

La valeur de π se trouvera ainsi déterminée par la somme des limites de deux séries convergentes dont les termes s'obtiennent par un calcul assez simple. Mais les considérations suivantes conduisent à des séries plus convergentes.

127. Le quart de la circonférence $\frac{\pi}{4}$ peut être considéré comme la somme, ou la différence, de certains multiples de deux arcs a et b, ayant des tangentes moindres que l'unité. Car, en désignant par m et n deux nombres entiers, il sera possible de satisfaire d'une infinité de manières différentes à l'une ou l'autre des conditions exprimées par les égalités

$$(1) \qquad \frac{\pi}{4} = ma + nb,$$

$$(2) \qquad \frac{\pi}{4} = ma - nb,$$

dans lesquelles a et b représentent des arcs moindres que $\frac{\pi}{4}$.

De la relation (1) on conclut

$$(3) \qquad \frac{\pi}{4} = m\left(\frac{\tang a}{1} - \frac{\tang^3 a}{3} + \ldots\right) + n\left(\frac{\tang b}{1} - \frac{\tang^3 b}{3} + \ldots\right),$$

et la relation (2) donne

$$(4)\quad \frac{\pi}{4} = m\left(\frac{\operatorname{tang} a}{1} - \frac{\operatorname{tang}^3 a}{3} + \ldots\right) - n\left(\frac{\operatorname{tang} b}{1} - \frac{\operatorname{tang}^3 b}{3} + \ldots\right).$$

Pour les applications, il faut que les séries

$$\frac{\operatorname{tang} a}{1} - \frac{\operatorname{tang}^3 a}{3} + \ldots,\qquad \frac{\operatorname{tang} b}{1} - \frac{\operatorname{tang}^3 b}{3} + \ldots,$$

soient suffisamment convergentes, et que les nombres m et n n'aient pas des valeurs trop grandes. Posons

$$m = 2,\quad n = 1,\quad \operatorname{tang} a = \frac{1}{3}.$$

L'égalité (1) devenant

$$\frac{\pi}{4} = 2a + b,$$

on a

$$1 = \operatorname{tang}(2a + b) = \frac{\operatorname{tang} 2a + \operatorname{tang} b}{1 - \operatorname{tang} 2a \operatorname{tang} b}.$$

Il s'ensuit

$$\operatorname{tang} b = \frac{1 - \operatorname{tang} 2a}{1 + \operatorname{tang} 2a}.$$

Mais de l'égalité

$$\operatorname{tang} a = \frac{1}{3},$$

on tire

$$\operatorname{tang} 2a = \frac{\frac{2}{3}}{1 - \frac{1}{9}} = \frac{3}{4}.$$

Donc

$$\operatorname{tang} b = \frac{1 - \frac{3}{4}}{1 + \frac{3}{4}} = \frac{1}{7};$$

ainsi,

$$\frac{\pi}{4} = 2 \operatorname{arc\,tang} \frac{1}{3} + \operatorname{arc\,tang} \frac{1}{7},$$

de là

$$\frac{\pi}{4} = 2\left(\frac{1}{3} - \frac{1}{3.3^3} + \frac{1}{5.3^5} - \frac{1}{7.3^7} + \ldots\right) + \left(\frac{1}{7} - \frac{1}{3.7^3} + \frac{1}{5.7^5} - \frac{1}{7.7^7} + \ldots\right).$$

La seconde de ces deux séries est plus convergente que celles que nous avons obtenues précédemment. On peut, toutefois, déterminer une valeur approchée de π, au moyen de séries dont la convergence est encore beaucoup plus grande.

Remarquons d'abord qu'en posant $\tang a = \frac{1}{5}$, le quadruple de l'arc a surpassera peu le quart de la circonférence. En effet, on aura

$$\tang 2a = \frac{\frac{2}{5}}{1 - \frac{1}{25}} = \frac{5}{12},$$

et

$$\tang 4a = \frac{\frac{10}{12}}{1 - \frac{25}{144}} = \frac{120}{119} = 1 + \frac{1}{119}.$$

La valeur de $\tang 4a$ surpassant peu l'unité, qui est la tangente de $\frac{\pi}{4}$, l'équation

$$\frac{\pi}{4} = 4a - b$$

doit donner pour l'arc b une valeur assez petite pour que la série

$$\frac{\tang b}{1} - \frac{\tang^3 b}{3} + \ldots$$

soit très-convergente. C'est ce que vérifie le calcul suivant.

De l'équation

$$\frac{\pi}{4} = 4a - b,$$

on tire

$$\tang(4a - b) = 1;$$

d'où

$$\tang 4a - \tang b = 1 + \tang 4a \tang b,$$

$$\tang b = \frac{\tang 4a - 1}{\tang 4a + 1}.$$

En remplaçant dans cette dernière égalité $\tang 4a$ par sa valeur $\frac{120}{119}$, il vient

$$\tang b = \frac{\frac{120}{119} - 1}{\frac{120}{119} + 1} = \frac{1}{239}.$$

Ce qui donne cette troisième formule :

$$\frac{\pi}{4} = 4 \operatorname{arc} \tang \frac{1}{5} - \operatorname{arc} \tang \frac{1}{239}.$$

Nous allons en faire application à la détermination d'une valeur approchée de π.

Calcul de $4 \text{ arc tang } \frac{1}{5}$.

$$4 \text{ arc tang } \frac{1}{5} = \frac{4}{5} - \frac{4}{3.5^3} + \ldots + \frac{4}{29.5^{29}} - \theta \frac{4}{31.5^{31}}.$$

$$\frac{4}{5} = 0,8.$$

$$\frac{4}{5.5^5} = 0,00025\ 6.$$

$$\frac{4}{9.5^9} = 0,00000\ 02275\ 55555\ 55555\ 56.$$

$$\frac{4}{13.5^{13}} = 0,00000\ 00002\ 52061\ 53846\ 15.$$

$$\frac{4}{17.5^{17}} = 0,00000\ 00000\ 00308\ 40470\ 59.$$

$$\frac{4}{21.5^{21}} = 0,00000\ 00000\ 00000\ 39945\ 75.$$

$$\frac{4}{25.5^{25}} = 0,00000\ 00000\ 00000\ 00053\ 69.$$

$$\frac{4}{29.5^{29}} = 0,00000\ 00000\ 00000\ 00000\ 07.$$

Somme $= 0,80025\ 62278\ 07925\ 89871\ 81$, à $\frac{3}{10^{22}}$ près (*).

$$\frac{4}{3.5^3} = 0,01066\ 66666\ 66666\ 66666\ 67.$$

$$\frac{4}{7.5^7} = 0,00000\ 73142\ 85714\ 28571\ 43.$$

$$\frac{4}{11.5^{11}} = 0,00000\ 00074\ 47272\ 72727\ 27.$$

$$\frac{4}{15.5^{15}} = 0,00000\ 00000\ 08738\ 13333\ 33.$$

$$\frac{4}{19.5^{19}} = 0,00000\ 00000\ 00011\ 03764\ 21.$$

$$\frac{4}{23.5^{23}} = 0,00000\ 00000\ 00000\ 01458\ 89.$$

$$\frac{4}{27.5^{27}} = 0,00000\ 00000\ 00000\ 00001\ 98.$$

Somme $= 0,01067\ 39884\ 08402\ 86528\ 78$, à $\frac{4}{10^{22}}$ près.

(*) Les valeurs des fractions $\frac{4}{9.5^9}$, etc., ont été calculées en décimales à l'approximation d'une demi-unité du 22e ordre.

En retranchant cette dernière somme de la première, on aura, à l'approximation de $\frac{4}{10^{22}}$, la valeur de $\frac{4}{5} - \frac{4}{3.5^3} + \frac{4}{5.5^5} - \ldots + \frac{4}{29.5^{29}}$; d'ailleurs, le terme $\theta\,\frac{4}{31.5^{31}}$ est moindre que $\frac{1}{10^{22}}$: donc, le reste de cette soustraction sera la valeur de $4 \operatorname{arc\,tang} \frac{1}{5}$ à $\frac{5}{10^{22}}$ d'approximation, par défaut ou par excès. On trouve ainsi

$$(1) \qquad 4 \operatorname{arc\,tang} \frac{1}{5} = 0,78958\ 22393\ 99523\ 03348\ 03.$$

Calcul de arc tang $\frac{1}{239}$.

$$\operatorname{Arc\,tang} \frac{1}{239} = \frac{1}{239} - \frac{1}{3.239^3} + \frac{1}{5.239^5} - \frac{1}{7.239^7} + \theta\,\frac{1}{9.239^9}.$$

$$\frac{1}{139} = 0,00418\ 41004\ 18410\ 04184\ 10.$$

$$\frac{1}{5.239^5} = 0,00000\ 00000\ 00256\ 47231\ 44.$$

$$\text{Somme} = 0,00418\ 41004\ 18666\ 51415\ 54, \text{ à } \frac{1}{10^{22}} \text{ près.}$$

$$\frac{1}{3.239^3} = 0,00000\ 00244\ 16591\ 78708\ 38.$$

$$\frac{1}{7.239^7} = 0,00000\ 00000\ 00000\ 00320\ 71.$$

$$\text{Somme} = 0,00000\ 00244\ 16591\ 79029\ 09, \text{ à } \frac{1}{10^{22}} \text{ près.}$$

En retranchant cette dernière somme de la précédente on aura, à l'approximation de $\frac{1}{10^{22}}$, la valeur de $\frac{1}{239} - \frac{1}{3.239^3} + \frac{1}{5.239^5} - \frac{1}{7.239^7}$, et comme le terme supplémentaire $\theta\,\frac{1}{9.239^9}$ est moindre que $\frac{1}{10^{22}}$, le reste sera la valeur de arc tang $\frac{1}{239}$, à $\frac{2}{10^{22}}$ près ; la soustraction donne

$$(2) \qquad \operatorname{arc\,tang} \frac{1}{239} = 0,00418\ 40760\ 02074\ 72386\ 45.$$

En remplaçant $4 \operatorname{arc\,tang} \frac{1}{5}$ et arc tang $\frac{1}{239}$ par leurs valeurs dans la formule

$$\frac{\pi}{4} = 4 \operatorname{arc\,tang} \frac{1}{4} - \operatorname{arc\,tang} \frac{1}{239},$$

on trouve à $\frac{7}{10^{22}}$ d'approximation, par défaut ou par excès,

$$\frac{\pi}{4} = 0,78539\ 81633\ 97448\ 30961\ 58.$$

Puis, en multipliant par 4 :

$$\pi = 3,14159\ 26535\ 89793\ 23846\ 32, \text{ à } \frac{28}{10^{22}} \text{ près.}$$

D'où l'on peut conclure que la valeur de π, calculée avec vingt chiffres décimaux exacts, est

$$3,14159\ 26535\ 89793\ 23846.$$

La convergence des séries qui déterminent $4 \text{ arc tang} \frac{1}{5}$ et $\text{arc tang} \frac{1}{239}$ permet d'obtenir avec une grande approximation la valeur, π, du rapport de la circonférence au diamètre, sans qu'il soit nécessaire de faire de très-longs calculs. Les vingt premiers chiffres décimaux de ce rapport ont été obtenus, dans le calcul qui précède, au moyen des quinze premiers termes de la série $4 \text{ arc tang} \frac{1}{5}$, et des quatre premiers termes de la série $\text{arc tang} \frac{1}{239}$. En prenant deux termes de plus dans la première, et un seul dans la seconde, on trouve

$$\pi = 3,14159\ 26535\ 89793\ 23846\ 26433\ \ldots\ldots;$$

ce qui est la valeur de π, calculée avec vingt-cinq chiffres décimaux exacts.

NOTES

NOTE I.

SUR L'ÉQUATION $x^3 - \frac{3}{4}x + \frac{1}{4}b = 0$, DANS LAQUELLE LE COEFFICIENT b EST SUPPOSÉ MOINDRE QUE L'UNITÉ. (*V.* page 17.)

1. Lorsque le coefficient b est positif, l'équation $x^3 - \frac{3}{4}x + \frac{1}{4}b = 0$ admet une racine négative comprise entre -1 et 0, et deux racines positives : l'une moindre que $\frac{1}{2}$, et l'autre comprise entre $\frac{1}{2}$ et 1.

Car, les substitutions de -1, 0, $\frac{1}{2}$, 1, à x dans le premier membre de cette équation donnent les résultats $\frac{b-1}{4}$, $\frac{b}{4}$, $\frac{b-1}{4}$, $\frac{b+1}{4}$, qui sont alternativement négatifs et positifs, puisque b est supposé < 1 et > 0.

2. Dans le cas où b est négatif, et moindre, en valeur absolue, que l'unité, l'équation considérée a une racine positive plus petite que l'unité, et deux racines négatives qui sont comprises, l'une entre 0 et $-\frac{1}{2}$, et l'autre entre $-\frac{1}{2}$ et -1.

Cela résulte de ce que les racines de l'équation $x^3 - \frac{3}{4}x - \frac{b}{4} = 0$ sont égales à celles de $x^3 - \frac{3}{4}x + \frac{b}{4} = 0$, changées de signe.

3. L'équation $x^3 - \frac{3}{4}x + \frac{1}{4}b = 0$ n'ayant pas de second terme, la somme de ses trois racines est nulle. Il s'ensuit (page 18) que les sinus de trois arcs consécutifs d'une progression arithmétique dont la raison est le tiers de la circonférence, ont pour somme zéro.

Il est, d'ailleurs, facile d'établir directement l'égalité

$$\sin\left(a - \frac{2\pi}{3}\right) + \sin a + \sin\left(a + \frac{2\pi}{3}\right) = 0,$$

car

$$\sin\left(a - \frac{2\pi}{3}\right) + \sin\left(a + \frac{2\pi}{3}\right) = 2\sin a \cos\frac{2\pi}{3} = -\sin a.$$

4. La somme des produits deux à deux des racines de l'équation $x^3 - \frac{3}{4}x + \frac{b}{4} = 0$ est égale au coefficient $-\frac{3}{4}$ du troisième terme; on en peut conclure (page 18) que : la somme des produits deux à deux des sinus de trois arcs consécutifs d'une progression arithmétique ayant pour raison le tiers de la circonférence, est une quantité constante égale $-\frac{3}{4}$.

Mais c'est encore une proposition que l'on peut démontrer directement d'une manière très-simple, en observant que la somme des produits de sinus dont il s'agit est représentée par

$$\left[\sin\left(a - \frac{2\pi}{3}\right) + \sin\left(a + \frac{2\pi}{3}\right)\right]\sin a + \sin\left(a - \frac{2\pi}{3}\right)\sin\left(a + \frac{2\pi}{3}\right);$$

et qu'on a, d'une part :

$$\left[\sin\left(a - \frac{2\pi}{3}\right) + \sin\left(a + \frac{2\pi}{3}\right)\right]\sin a = -\sin a \sin a = -\sin^2 a;$$

et, d'autre part :

$$\sin\left(a - \frac{2\pi}{3}\right)\sin\left(a + \frac{2\pi}{3}\right) = \sin^2 a - \sin^2\frac{2\pi}{3} = \sin^2 a - \frac{3}{4},$$

ce qui donne $-\frac{3}{4}$ pour la somme des produits, deux à deux, des trois sinus considérés.

NOTE II.

SUR LES DEGRÉS DES ÉQUATIONS QUI DÉTERMINENT LES DIFFÉRENTES VALEURS DE $\sin\frac{a}{m}$, OU DE $\cos\frac{a}{m}$, LORSQU'ON DONNE $\sin a$, OU $\cos a$: LE NOMBRE m ÉTANT UN NOMBRE ENTIER QUELCONQUE. (*V.* page 20.)

1. Soient

$$\sin a = b \quad \text{et} \quad \sin\frac{a}{m} = x.$$

En nommant α le plus petit arc positif, dont le sinus est égal à b, les valeurs de x seront déterminées par les deux formules :

$$x = \sin\frac{2k\pi + \alpha}{m}, \tag{1}$$

$$x = \sin\frac{(2k+1)\pi - \alpha}{m}. \tag{2}$$

Pour trouver toutes les valeurs différentes de l'inconnue x, il suffira de remplacer successivement k, dans chacune de ces deux formules, par m nombres entiers consécutifs, mais d'ailleurs quelconques.

En effet, l'expression $\frac{2k\pi + \alpha}{m}$ donnera, au moyen de ces m substitutions, m arcs en progression arithmétique dont la raison, $\frac{2\pi}{m}$, sera la $m^{\text{ième}}$ partie de la circonférence. D'où il suit que si l'on continue à remplacer k par des nombres entiers immédiatement supérieurs au plus grand des m nombres déjà substitués, les arcs qu'on trouvera différant des m premiers d'un nombre entier de circonférences feront prendre à x les valeurs déjà obtenues. Et c'est ce qui arrivera encore, si l'on remplace k par les nombres, entiers consécutifs, inférieurs au plus petit des m nombres primitivement substitués.

La même observation s'applique évidemment à la seconde formule

$$x = \sin \frac{(2k+1)\pi - \alpha}{m}.$$

Actuellement, je distingue deux cas : le nombre m peut être impair, ou pair.

1° Si m est impair, la formule (2) donnera pour x les mêmes valeurs que la formule (1).

Car, en remplaçant k par $\frac{m-1}{2} - k'$ dans la formule (2), il en résultera

$$x = \sin \frac{(m - 2k')\pi - \alpha}{m} = \sin \frac{2k'\pi + \alpha}{m}.$$

On voit que la seconde formule rentre dans la première, et, par conséquent, l'équation algébrique qui donne toutes les valeurs de l'inconnue x doit être du degré m, lorsque le nombre m est impair.

2° Si m est un nombre pair, les m valeurs de x que donne la formule (1) sont, deux à deux, égales et de signes contraires. Car, soient $0, 1, \ldots, \left(\frac{m}{2} - 1\right), \frac{m}{2}, \left(\frac{m}{2} + 1\right), \ldots, (m-1)$ les m nombres entiers consécutifs substitués à k ; les arcs provenant des substitutions $\frac{m}{2}, \left(\frac{m}{2} + 1\right), \ldots, (m-1)$ surpasseront respectivement d'une demi-circonférence les arcs qui correspondent aux substitutions $0, 1, \ldots, \left(\frac{m}{2} - 1\right)$.

La même remarque s'applique à la formule (2), mais les valeurs de x déterminées par cette seconde formule sont *généralement* différentes de celles qui proviennent de la première.

En effet, nommons k' et k'' deux nombres entiers quelconques et supposons que $\sin \frac{2k'\pi + \alpha}{m} = \sin \frac{(2k'' + 1)\pi - \alpha}{m}$. Il faudra, pour que cette égalité existe, que la somme des deux arcs $\frac{2k'\pi+\alpha}{m}$, $\frac{(2k''+1)\pi-\alpha}{m}$ soit égale à un nombre impair de demi-circonférences, ou bien que la différence de ces deux arcs soit multiple d'une circonférence. Or, la première de ces conditions ne peut être remplie, car $\frac{2k'+2k''+1}{m}$ n'est pas un nombre entier puisque m est un nombre pair.

Pour que la différence $\frac{(2k'-2k''-1)\pi+2\alpha}{m}$ puisse être un multiple quelconque de la demi-circonférence, il est d'abord nécessaire que 2α soit un multiple impair de π; et comme l'arc α ne surpasse jamais 270°, on devra avoir

$$2\alpha=\pi, \quad \text{ou} \quad 2\alpha=3\pi,$$

ce qui exige que le sinus donné, b, soit égal à $+1$, ou bien à -1. Dans toute autre hypothèse, les valeurs de x déterminées par les formules (1) et (2) sont nécessairement différentes les unes des autres.

D'après cela, on voit que si, en traitant la question d'une manière générale, on n'attribue au sinus donné, b, aucune valeur numérique particulière, l'inconnue x, ou $\sin\frac{a}{m}$, devra admettre $2m$ valeurs deux à deux égales et de signes contraires; et, par conséquent, on parviendra, lorsque m est pair, à une équation algébrique, entre x et b, du degré $2m$, et dont les termes ne contiendront l'inconnue x qu'à des puissances paires.

Dans le cas particulier où $b=1$, on a $2\alpha=\pi$; d'où $\pi-\alpha=\alpha$; et la formule (2), devenant

$$x=\sin\frac{2k\pi+\alpha}{m},$$

donne, pour l'inconnue x, les mêmes valeurs que la formule (1).

Alors, le premier membre de l'équation algébrique du degré $2m$ est un carré. Il en sera de même si $b=-1$. Car, on aura alors $2\alpha=3\pi$, ou $\alpha=3\pi-\alpha$; et en remplaçant α par $3\pi-\alpha$, et k par $k+1$, dans (2), il viendra

$$x=\sin\frac{(2k+3)\pi-3\pi+\alpha}{m}=\sin\frac{2k\pi+\alpha}{m}.$$

Supposons, par exemple, que $m=4$, on trouvera l'équation

$$64x^8-128x^6+80x^4-16x^2+b^2=0.$$

Si $b=\pm1$, cette équation devient

$$64x^8-128x^6+80x^4-16x^2+1=0,$$

ou

$$(8x^4-8x^2+1)^2=0.$$

2. L'équation qui détermine les valeurs de $\cos\frac{a}{m}$, lorsque $\cos a$ est donné, est, dans tous les cas, du degré m.

En effet, si l'on pose

$$\cos a = b \quad \text{et} \quad \cos\frac{a}{m} = x,$$

on aura, en nommant α le plus petit arc positif dont le cosinus est égal à b,

$$x = \cos\frac{2k\pi + \alpha}{m} \quad \text{et} \quad x = \cos\frac{2k\pi - \alpha}{m}.$$

Pour obtenir toutes les valeurs différentes de x, il suffira de remplacer successivement k dans chacune de ces formules par m nombres entiers consécutifs quelconques, positifs ou négatifs. Or, en substituant $-k$ à $+k$, la relation $x = \cos\frac{2k\pi - \alpha}{m}$ devient

$$x = \cos\frac{-2k\pi - \alpha}{m} = \cos\frac{2k\pi + \alpha}{m};$$

donc, les équations

$$x = \cos\frac{2k\pi + \alpha}{m}, \quad x = \cos\frac{2k\pi - \alpha}{m}$$

admettent les mêmes solutions, et, par conséquent, on trouvera seulement m valeurs différentes, pour l'inconnue x. L'équation algébrique entre x et b sera donc du degré m, quel que soit le nombre entier que m représente.

NOTE III.

SUR LA RÉALITÉ DES RACINES DE L'ÉQUATION $x^3 - 3bx^2 - 3x + b = 0$, QU'ON OBTIENT EN CHERCHANT $\tang\frac{a}{3}$ QUAND $\tang a$ EST DONNÉE (page 22).

L'équation $x^3 - 3bx^2 - 3x + b = 0$, pouvant s'écrire

$$x(x^2 - 3) - b(3x^2 - 1) = 0,$$

on voit que pour les valeurs de x qui annulent $3x^2 - 1$, son premier membre se réduit à $x(x^2 - 3)$ quel que soit b, en écartant toutefois les hypothèses $b = \pm\infty$.

Mais $3x^2 - 1 = 0$ donne

$$x = \pm\sqrt{\frac{1}{3}}, \quad \text{et, par suite,} \quad x(x^2 - 3) = \mp\frac{8}{3}\sqrt{\frac{1}{3}};$$

ainsi, en remplaçant successivement x par

$$-\infty, \quad -\sqrt{\frac{1}{3}}, \quad +\sqrt{\frac{1}{3}}, \quad +\infty,$$

dans le premier membre de l'équation $x^3 - 3bx^2 - 3x + b = 0$, on obtient les résultats

$$-\infty,\quad +\frac{8}{3}\sqrt{\frac{1}{3}},\quad -\frac{8}{3}\sqrt{\frac{1}{3}},\quad +\infty;$$

il en faut conclure que cette équation admet trois racines réelles; et quelle que soit la valeur finie de b, l'une des trois racines est comprise entre $-\sqrt{\frac{1}{3}}$ et $+\sqrt{\frac{1}{3}}$: la plus petite des deux autres est moindre que $-\sqrt{\frac{1}{3}}$, et la plus grande surpasse $+\sqrt{\frac{1}{3}}$.

Pour déterminer les valeurs que prennent les racines de l'équation proposée quand $b = \pm\infty$, remplaçons x par $\frac{1}{y}$; cette substitution transforme l'équation proposée en celle-ci:

$$y^3 - \frac{3}{b}y^2 - 3y + \frac{1}{b} = 0,$$

que l'hypothèse $= \pm\infty$ réduit à $y^3 - 3y = 0$. Or, cette dernière est évidemment vérifiée par les valeurs $+\sqrt{3}$, $-\sqrt{3}$ et 0; donc les racines de l'équation $x^3 - 3bx^2 - 3x + b = 0$ deviennent $\sqrt{\frac{1}{3}}$, $-\sqrt{\frac{1}{3}}$ et ∞, quand b est infini.

NOTE IV.

SUR DIVERSES QUESTIONS.

1. *Trouver la limite vers laquelle tend le produit*

$$\cos a \cos\frac{a}{2}\cos\frac{a}{4}\cos\frac{a}{8}\cdots\cos\frac{a}{2^n},$$

lorsque le nombre $(n+1)$ *de ses facteurs croît jusqu'à l'infini.*

D'après la formule connue

$$\sin 2a = 2\sin a\cos a,$$

on a

$$\sin a = 2\sin\frac{a}{2}\cos\frac{a}{2},$$

$$\sin\frac{a}{2} = 2\sin\frac{a}{4}\cos\frac{a}{4},$$

$$\sin\frac{a}{4} = 2\sin\frac{a}{8}\cos\frac{a}{8},$$

$$\cdots\cdots\cdots\cdots\cdots\cdots,$$

$$\sin\frac{a}{2^{n-1}} = 2\sin\frac{a}{2^n}\cos\frac{a}{2^n}.$$

En multipliant, membre à membre, ces $(n+1)$ égalités, et supprimant les facteurs communs aux deux membres de l'égalité résultante, il vient

$$\sin 2a = 2^{n+1} \sin \frac{a}{2^n} \cos a \cos \frac{a}{2} \cos \frac{a}{4} \cdots \cos \frac{a}{2^n};$$

d'où

$$\cos a \cos \frac{a}{2} \cos \frac{a}{4} \cdots \cos \frac{a}{2^n} = \frac{\sin 2a}{2^{n+1} \sin \frac{a}{2^n}} = \frac{\cos a \sin a}{2^n \sin \frac{a}{2^n}}.$$

La question est ainsi ramenée à trouver la limite de $\dfrac{\cos a \sin a}{2^n \sin \frac{a}{2^n}}$ pour des valeurs de n croissantes jusqu'à l'infini. Or,

$$\frac{\cos a \sin a}{2^n \sin \frac{a}{2^n}} = \cos a \times \frac{\sin a}{a} \times \frac{\frac{a}{2^n}}{\sin \frac{a}{2^n}};$$

et, quand le nombre n prend des valeurs de plus en plus grandes, le rapport $\dfrac{\frac{a}{2^n}}{\sin \frac{a}{2^n}}$ diminue et tend vers l'unité (n° 32, page 32); à la limite $(n = \infty)$, on a

$$\frac{\frac{a}{2^n}}{\sin \frac{a}{2^n}} = 1; \quad \text{par suite} \quad \frac{\cos a \sin a}{2^n \sin \frac{a}{2^n}} = \cos a \frac{\sin a}{a}.$$

Donc, la limite du produit $\cos a \cos \frac{a}{2} \cos \frac{a}{4} \cos \frac{a}{8} \cdots$ est $\cos a \dfrac{\sin a}{a}$.

Remarque. Soit $a = \frac{\pi}{4}$, on aura

$$\cos a \sin a = \frac{1}{2}, \quad \text{et} \quad \frac{\cos a \sin a}{a} = \frac{2}{\pi}.$$

D'où

$$\cos \frac{\pi}{4} \cos \frac{\pi}{8} \cos \frac{\pi}{16} \cdots = \frac{2}{\pi};$$

et

$$\pi = \frac{2}{\cos \frac{\pi}{4} \cos \frac{\pi}{8} \cos \frac{\pi}{16} \cdots}.$$

2. *Étant donnés $(n+1)$ arcs, a, $(a+b)$, $(a+2b)$, ..., $(a+nb)$, en progression arithmétique, trouver la somme de leurs sinus, et celle de leurs cosinus.*

Soient x et y ces deux sommes.

En additionnant les n égalités

$$\sin(a+b) = \sin a \cos b + \cos a \sin b,$$
$$\sin(a+2b) = \sin(a+b)\cos b + \cos(a+b)\sin b,$$
$$\sin(a+3b) = \sin(a+2b)\cos b + \cos(a+2b)\sin b,$$
$$\cdots\cdots\cdots\cdots\cdots\cdots\cdots\cdots\cdots,$$
$$\sin(a+nb) = \sin[a+(n-1)b]\cos b + \cos[a+(n-1)b]\sin b,$$

on aura l'égalité suivante :

$$x - \sin a = [x - \sin(a+nb)]\cos b + [y - \cos(a+nb)]\sin b,$$

qui donne successivement :

$$x(1-\cos b) - y\sin b = \sin a - \sin(a+nb)\cos b - \cos(a+nb)\sin b;$$
$$x(1-\cos b) - y\sin b = \sin a - \sin[a+(n+1)b];$$
$$2x\sin^2\frac{b}{2} - 2y\sin\frac{b}{2}\cos\frac{b}{2} = -2\sin\frac{n+1}{2}b\cos\left(a+\frac{n+1}{2}b\right);$$

$$(1)\qquad x\sin\frac{b}{2} - y\cos\frac{b}{2} = \frac{-\sin\frac{n+1}{2}b\cos\left(a+\frac{n+1}{2}b\right)}{\sin\frac{b}{2}}.$$

Si, de même, on additionne les n égalités

$$\cos(a+b) = \cos a\cos b - \sin a\sin b,$$
$$\cos(a+2b) = \cos(a+b)\cos b - \sin(a+b)\sin b,$$
$$\cos(a+3b) = \cos(a+2b)\cos b - \sin(a+2b)\sin b,$$
$$\cdots\cdots\cdots\cdots\cdots\cdots\cdots\cdots\cdots,$$
$$\cos(a+nb) = \cos[a+(n-1)b]\cos b - \sin[a+(n-1)b)]\sin b,$$

il viendra

$$y - \cos a = [y - \cos(a+nb)]\cos b - [x - \sin(a+nb)]\sin b;$$

d'où

$$y(1-\cos b) + x\sin b = \cos a - \cos(a+nb)\cos b + \sin(a+nb)\sin b;$$
$$y(1-\cos b) + x\sin b = \cos a - \cos[a+(n+1)b];$$
$$2y\sin^2\frac{b}{2} + 2x\sin\frac{b}{2}\cos\frac{b}{2} = 2\sin\frac{n+1}{2}b\sin\left(a+\frac{n+1}{2}b\right);$$

$$(2)\qquad y\sin\frac{b}{2} + x\cos\frac{b}{2} = \frac{\sin\frac{n+1}{2}b\sin\left(a+\frac{n+1}{2}b\right)}{\sin\frac{b}{2}}.$$

La résolution des deux équations du premier degré (1) et (2) conduit à

$$x = \frac{\sin\frac{n+1}{2}b\,\sin\left(a+\frac{n}{2}b\right)}{\sin\frac{b}{2}}, \qquad y = \frac{\sin\frac{n+1}{2}b\,\cos\left(a+\frac{n}{2}b\right)}{\sin\frac{b}{2}}.$$

On a donc

$$(3)\quad \begin{cases} \sin a + \sin(a+b) + \sin(a+2b) + \ldots + \sin(a+nb) \\ \quad = \dfrac{\sin\frac{n+1}{2}b\,\sin\left(a+\frac{n}{2}b\right)}{\sin\frac{b}{2}}, \end{cases}$$

$$(4)\quad \begin{cases} \cos a + \cos(a+b) + \cos(a+2b) + \ldots + \cos(a+nb) \\ \quad = \dfrac{\sin\frac{n+1}{2}b\,\cos\left(a+\frac{n}{2}b\right)}{\sin\frac{b}{2}}, \end{cases}$$

formules qui répondent à la question proposée.

Lorsque $b = \frac{2\pi}{n+1}$, il en résulte

$$\frac{n+1}{2}b = \pi, \quad \sin\frac{n+1}{2}b = \sin\pi = 0,$$

et les relations (3) et (4) deviennent

$$(5)\quad \sin a + \sin\left(a+\frac{2\pi}{n+1}\right) + \sin\left(a+\frac{4\pi}{n+1}\right) + \ldots + \sin\left(a+\frac{2n\pi}{n+1}\right) = 0,$$

$$(6)\quad \cos a + \cos\left(a+\frac{2\pi}{n+1}\right) + \cos\left(a+\frac{4\pi}{n+1}\right) + \ldots + \cos\left(a+\frac{2n\pi}{n+1}\right) = 0.$$

Chacune de ces deux dernières égalités montre que la somme des distances des sommets d'un polygone régulier à un diamètre quelconque du cercle circonscrit est nulle, en ayant égard aux signes dont ces distances doivent être affectées.

En supposant $b = a$, les formules (3) et (4) se réduisent à

$$(7)\quad \begin{cases} \sin a + \sin 2a + \sin 3a + \ldots + \sin(n+1)a \\ \quad = \dfrac{\sin\frac{n+1}{2}a\,\sin\frac{n+2}{2}a}{\sin\frac{a}{2}}, \end{cases}$$

$$(8)\quad \begin{cases} \cos a + \cos 2a + \cos 3a + \ldots + \cos(n+1)a \\ \quad = \dfrac{\sin\frac{n+1}{2}a\,\cos\frac{n+2}{2}a}{\sin\frac{a}{2}}. \end{cases}$$

Et, si $b = 2a$, elles deviennent

$$(9)\quad \sin a + \sin 3a + \sin 5a + \ldots + \sin(2n+1)a = \frac{\sin^2(n+1)a}{\sin a},$$

$$(10)\quad \cos a + \cos 3a + \cos 5a + \ldots + \cos(2n+1)a = \frac{1}{2}\frac{\sin 2(n+1)a}{\sin a}.$$

Pour montrer une application de cette dernière formule, posons

$$\cos a = \cos\frac{\pi}{7} = z \quad \text{et} \quad n = 3;$$

d'où

$$\cos 3a = \cos 3\frac{\pi}{7} = 4z^3 - 3z;$$

$$\cos 5a = \cos 5\frac{\pi}{7} = -\cos 2\frac{\pi}{7} = 1 - 2z^2;$$

$$\cos(2n+1)a = \cos\frac{7\pi}{7} = \cos\pi = -1;$$

$$\frac{\sin 2(n+1)a}{\sin a} = \frac{\sin\frac{8\pi}{7}}{\sin\frac{\pi}{7}} = \frac{\sin\left(\pi + \frac{\pi}{7}\right)}{\sin\frac{\pi}{7}} = -1.$$

Au moyen de ces valeurs, on obtient l'équation $8z^3 - 4z^2 - 4z + 1 = 0$, à laquelle conduit la question d'inscrire dans un cercle un polygone régulier de sept côtés.

3. *Démontrer qu'on a :* $\frac{\operatorname{tang}(a+b)}{a+b} > \frac{\operatorname{tang} a}{a}$, *en supposant les arcs* a, b, *positifs, et* $a + b < \frac{\pi}{2}$.

L'inégalité $\frac{\operatorname{tang}(a+b)}{a+b} > \frac{\operatorname{tang} a}{a}$, revient à

$$\frac{\sin(a+b)}{(a+b)\cos(a+b)} > \frac{\sin a}{a\cos a},$$

ou

$$a\cos a\sin(a+b) > (a+b)\sin a\cos(a+b),$$
$$a[\cos a\sin(a+b) - \sin a\cos(a+b)] > b\sin a\cos(a+b),$$
$$a\sin b > b\sin a\cos(a+b).$$

Mais, $\cos(a+b)$ étant moindre que $\cos b$, pour établir l'inégalité $a\sin b > b\sin a\cos(a+b)$, il suffit de faire voir que $a\sin b > b\sin a\cos b$, ou bien, en divisant par $\cos b$,

$$a\operatorname{tang} b > b\sin a.$$

Or, cette dernière inégalité est évidente, puisqu'on a

$$a > \sin a \quad \text{et} \quad \operatorname{tang} b > b.$$

4. *Démontrer géométriquement que la somme des sinus de deux arcs*

st à la différence de ces sinus comme la tangente de la demi-somme es deux arcs est à la tangente de leur demi-différence (page 27).

Prenons sur la circonférence dont le centre est O (*fig.* 40), et qui a our rayon l'unité, deux arcs AE, AC, qui seront désignés par a et b. uis, menons les droites EG, CD perpendiculaires au diamètre AOA', et la rde CH parallèle à ce diamètre. Nous aurons d'abord

$$EG = \sin a, \quad CD = \sin b.$$

Soient E' le point où la perpendiculaire EG prolongée rencontre la cir-onférence, et F l'intersection des droites EG, CH, il viendra

$$C = a - b, \quad E'C = a + b, \quad EF = \sin a - \sin b, \quad E'F = \sin a + \sin b.$$

Actuellement, décrivons du point H comme centre, avec un rayon égal l'unité, une circonférence qui coupera les trois droites HE, HC, HE' en es points s, K, s'; et au point K menons à cette circonférence la tan-ente IKI' terminée aux deux points I, I', où elle rencontre les droites E, HE'.

Les segments KI, KI' de la tangente IKI' représenteront les tangentes rigonométriques des arcs Ks, Ks'. Or, l'angle KHs a pour mesure l'arc Ks t la moitié de l'arc EC; de plus, ces deux arcs appartiennent à des cir-onférences égales : il en faut conclure que le premier est la moitié du se-ond. Pour la même raison, Ks' est moitié de E'C. On peut donc écrire

$$KI = \operatorname{tang}\frac{1}{2}(a - b), \quad KI' = \operatorname{tang}\frac{1}{2}(a + b).$$

Mais, le parallélisme des droites E'FE, I'KI donne la proportion

$$\frac{E'F}{EF} = \frac{I'K}{IK}, \quad \text{ou} \quad \frac{\sin a + \sin b}{\sin a - \sin b} = \frac{\operatorname{tang}\frac{1}{2}(a + b)}{\operatorname{tang}\frac{1}{2}(a - b)};$$

a proposition est donc démontrée.

5. Déduire des relations

$$(1) \qquad \cos a = \cos b \cos c + \sin b \sin c \cos A,$$
$$(2) \qquad \cos b = \cos a \cos c + \sin a \sin c \cos B,$$
$$(3) \qquad \cos c = \cos a \cos b + \sin a \sin b \cos C,$$

qui déterminent les angles d'un triangle sphérique en fonction de ses côtés, les trois égalités :

$$(4) \qquad \cos A = -\cos B \cos C + \sin B \sin C \cos a,$$
$$(5) \qquad \cos B = -\cos A \cos C + \sin A \sin C \cos b,$$
$$(6) \qquad \cos C = -\cos A \cos B + \sin A \sin B \cos c,$$

qui déterminent les côtés en fonction des angles.

Il a été démontré (page 81) que les formules (1), (2), (3) donnent

$$\frac{\sin a}{\sin A} = \frac{\sin b}{\sin B} = \frac{\sin c}{\sin C};$$

au moyen de ces égalités et de la relation qui existe entre les carrés du sinus et du cosinus d'un même angle, on peut faire disparaitre les sinus des arcs a, b, c, des formules (1), (2), (3), et obtenir les relations (4), (5), (6).

Dans l'équation (1) remplaçons $\cos b$ par sa valeur tirée de l'équation (2), il en résultera

$$\cos a = \cos a \cos^2 c + \sin a \sin c \cos c \cos B + \sin b \sin c \cos A$$

ou

$$\cos a \sin^2 c = \sin a \sin c \cos c \cos B + \sin b \sin c \cos A;$$

et en divisant par $\sin c$:

$$(7) \qquad \cos a \sin c = \sin a \cos c \cos B + \sin b \cos A.$$

En remplaçant de même $\cos b$ par sa valeur dans l'équation (3), on obtiendra

$$(8) \qquad \cos c \sin a = \sin c \cos a \cos B + \sin b \cos C.$$

Cette valeur de $\cos c \sin a$ transforme l'équation (7) en celle-ci :

$$\cos a \sin c = \sin c \cos a \cos^2 B + \sin b \cos C \cos B + \sin b \cos A;$$

d'où

$$\cos a \sin c \sin^2 B = \sin b \cos C \cos B + \sin b \cos A,$$

$$\frac{\cos a \sin c \sin^2 B}{\sin b} = \cos C \cos B + \cos A;$$

et, en observant que $\dfrac{\sin c}{\sin b} = \dfrac{\sin C}{\sin B}$:

$$\cos a \sin C \sin B = \cos C \cos B + \cos A,$$

$$\cos A = -\cos B \cos C + \sin B \sin C \cos a,$$

ce qui est la formule (4).

Il est clair que les formules (5) et (6) s'obtiendraient de la même manière.

NOTE V.

SUR LE PASSAGE DES FORMULES DE LA TRIGONOMÉTRIE SPHÉRIQUE AUX FORMULES CORRESPONDANTES DE LA TRIGONOMÉTRIE RECTILIGNE;

PAR E. PROUHET.

1. Soit ABC un triangle sphérique : continuons de désigner par a, b, c les angles au centre sous-tendus par les côtés de ce triangle, et soient a', b', c' les longueurs de ces côtés. Si l'on suppose que le rayon R de la sphère sur laquelle le triangle est tracé augmente de plus en plus, pendant que les longueurs a', b', c' demeurent constantes, le triangle ABC tendra à se confondre et se confondra à la limite, c'est-à-dire quand R sera égal à l'infini, avec un certain triangle rectiligne A'B'C' dont les côtés seront

a', b', c'. Les formules relatives au triangle ABC, ayant lieu pour toutes les valeurs de R, auront lieu encore pour $R = \infty$ et devront donner les formules propres au triangle rectiligne A'B'C'. Toutefois si l'on faisait immédiatement $R = \infty$, on n'arriverait qu'à de pures identités. On ne peut obtenir par ce moyen les formules de la trigonométrie rectiligne qu'à l'aide de quelques transformations dont nous allons donner des exemples.

2. Nous établirons d'abord les principes suivants :

1° *Le rapport des sinus de deux arcs qui conservent une grandeur constante, devient le rapport des longueurs de ces arcs quand* $R = \infty$.

a et b étant les angles sous-tendus par ces arcs, on a

$$a = \frac{a'}{R} = a'r, \quad b = \frac{b'}{R} = b'r,$$

en posant

$$r = \frac{1}{R}.$$

On a donc

$$\frac{\sin a}{\sin b} = \frac{\sin a'r}{\sin b'r} = \frac{a'}{b'} \times \frac{\frac{\sin a'r}{a'r}}{\frac{\sin b'r}{b'r}}.$$

Donc

$$\lim \frac{\sin a}{\sin b} = \frac{a'}{b'} \times \frac{\lim \frac{\sin a'r}{a'r}}{\lim \frac{\sin b'r}{b'r}}.$$

Mais pour $R = \infty$, ou pour $r = 0$,

$$\lim \frac{\sin a'r}{a'r} = 1, \quad \lim \frac{\sin b'r}{b'r} = 1 \quad \text{(page 33)};$$

donc

$$\lim \frac{\sin a}{\sin b} = \frac{a'}{b'}.$$

On peut encore établir ce principe d'une autre manière. Quand r devient nul, le rapport

$$\frac{\sin a'r}{\sin b'r}$$

prend la forme $\frac{0}{0}$; mais on sait que pour avoir sa vraie valeur, il faut faire $r = 0$ dans le rapport des dérivées des deux termes, c'est-à-dire dans

$$\frac{a' \cos a'r}{b' \cos b'r},$$

ce qui donne bien encore $\frac{a'}{b'}$ pour la limite cherchée.

3. 2° *Le rapport des tangentes de deux arcs dont la longueur reste constante, devient le rapport des longueurs de ces arcs quand* $R = \infty$.

Ce principe se démontre comme le précédent, dont il peut d'ailleurs être considéré comme un corollaire. En effet,

$$\frac{\tang a}{\tang b} = \frac{\sin a}{\sin b}\,\frac{\cos b}{\cos a}.$$

Or, quand a et b deviennent nuls, on a $\cos a = 1$, $\cos b = 1$.

Donc

$$\lim \frac{\tang a}{\tang b} = \lim \frac{\sin a}{\sin b} = \frac{a'}{b'}.$$

On doit observer que les égalités précédentes subsisteraient si les arcs a et b, au lieu de conserver, quand r varie, une grandeur constante, convergeaient vers des grandeurs finies a' et b'.

4. D'après ces principes, les formules

$$\frac{\sin a}{\sin b} = \frac{\sin A}{\sin B}, \quad \frac{\tang \frac{1}{2}(a+b)}{\tang \frac{1}{2} c} = \frac{\cos \frac{1}{2}(A-B)}{\cos \frac{1}{2}(A+B)}, \ldots$$

se changent dans les suivantes :

$$\frac{a'}{b'} = \frac{\sin A'}{\sin B'}, \quad \frac{a'+b'}{c'} = \frac{\cos \frac{1}{2}(A'-B')}{\cos \frac{1}{2}(A'+B')}, \ldots.$$

5. Pour transformer la formule fondamentale, nous l'écrirons d'abord sous cette forme

$$1 - 2\sin^2 \frac{1}{2} a = \left(1 - 2\sin^2 \frac{1}{2} b\right)\left(1 - 2\sin^2 \frac{1}{2} c\right) + \sin b \sin c \cos A,$$

ou, en développant et réduisant,

$$\left(\frac{\sin \frac{1}{2} a}{\sin \frac{1}{2} c}\right)^2 = \left(\frac{\sin \frac{1}{2} b}{\sin \frac{1}{2} c}\right)^2 + 1 - 2\sin^2 \frac{1}{2} b - \frac{1}{2}\,\frac{\sin b}{\sin \frac{1}{2} c}\,\frac{\sin c}{\sin \frac{1}{2} c} \cos A.$$

En faisant $R = \infty$, on aura, d'après le premier principe,

$$\left(\frac{a'}{c'}\right)^2 = \left(\frac{b'}{c'}\right)^2 + 1 - 2\frac{b'}{c'}\cos A'$$

ou

$$a'^2 = b'^2 + c'^2 - 2b'c'\cos A'.$$

On peut encore arriver à ce résultat de la manière suivante : mettons la formule fondamentale sous cette forme

$$\cos A = \frac{\cos a'r - \cos b'r \cos c'r}{\sin b'r \sin c'r}.$$

Quand $r = 0$, le premier membre devient $\cos A'$; le second prend la forme $\frac{0}{0}$, mais on aura sa vraie valeur par les règles connues, et l'on retrouvera encore de cette manière la formule fondamentale de la trigonométrie rectiligne.

6. Comme dernière application, nous prendrons la formule

$$\operatorname{tang}\frac{S}{2} = \sqrt{\operatorname{tang}\frac{p}{2}\operatorname{tang}\frac{p-a}{2}\operatorname{tang}\frac{p-b}{2}\operatorname{tang}\frac{p-c}{2}},$$

qui donne la surface d'un triangle sphérique en fonction de ses côtés. S désigne ici le demi-excès sphérique : en appelant S' la surface évaluée en carrés ayant pour côtés l'unité linéaire, on aura

$$\frac{S'}{\frac{\pi}{2}R^2} = \frac{2S}{\frac{\pi}{2}}, \quad \text{d'où} \quad S = \frac{S'}{2R^2} = \frac{S'r^2}{2}.$$

La formule précédente pourra donc s'écrire

$$\frac{S'}{4}\,\frac{\operatorname{tang}\frac{S'r^2}{4}}{\frac{S'r^2}{4}} = \sqrt{\frac{p'}{2}\,\frac{\operatorname{tang}\frac{p'r}{2}}{\frac{p'r}{2}}\;\frac{p'-a'}{2}\,\frac{\operatorname{tang}\frac{(p'-a')r}{2}}{\frac{(p'-a')r}{2}}\cdots},$$

et, en faisant $r = 0$,

$$S' = \sqrt{p'(p'-a')(p'-b')(p'-c')}.$$

NOTE VI.

SUR QUELQUES MOYENS D'ÉTENDRE AUX FIGURES TRACÉES SUR LA SURFACE DE LA SPHÈRE LES PROPRIÉTÉS DES FIGURES PLANES;

PAR E. PROUHET.

1. Au lieu de passer des propriétés de la géométrie sphérique à celles de la géométrie plane en faisant le rayon infini, on peut suivre une marche inverse et étendre aux figures tracées sur la surface de la sphère les théorèmes démontrés pour des figures planes. Nous allons indiquer quelques moyens propres à opérer cette extension.

2. On sait que, *dans un quadrilatère rectiligne inscrit, le produit des diagonales est égal à la somme des produits des côtés opposés*. Soient a, b, c, d, e, f les côtés et les diagonales d'un quadrilatère sphérique inscrit dans un cercle; leurs cordes appartiendront à un quadrilatère

rectiligne inscrit dans le même cercle; mais chacune de ces cordes est le double du sinus de la moitié de son arc (en prenant le rayon de la sphère pour unité). On aura donc, en appliquant le théorème cité,

$$\sin\frac{1}{2}e\sin\frac{1}{2}f = \sin\frac{1}{2}a\sin\frac{1}{2}c + \sin\frac{1}{2}b\sin\frac{1}{2}d.$$

3. Menons des sommets A, B, C d'un triangle sphérique des arcs de grand cercle qui passent par un même point O et rencontrent les côtés opposés en A', B', C'. Projetons ce triangle sur le plan tangent mené par le point O, en prenant pour centre de projection le centre de la sphère. Nous obtiendrons un triangle rectiligne abc dans lequel on a, d'après un théorème connu,

$$\frac{Oa'}{aa'} + \frac{Ob'}{bb'} + \frac{Oc'}{cc'} = 1.$$

Mais

$$Oa' = \operatorname{tang} OA', \quad aa' = Oa + Oa' = \operatorname{tang} OA + \operatorname{tang} OA', \ldots;$$

donc, on aura

$$\frac{\operatorname{tang} OA'}{\operatorname{tang} OA + \operatorname{tang} OA'} + \frac{\operatorname{tang} OB'}{\operatorname{tang} OB + \operatorname{tang} OB'} + \frac{\operatorname{tang} OC'}{\operatorname{tang} OC + \operatorname{tang} OC'} = 1.$$

4. Soient O un point pris sur la surface de la sphère, AB un arc de grand cercle mené par ce point et rencontrant aux points A et B un cercle tracé sur la sphère; je dis que le produit $\operatorname{tang}\frac{1}{2}OA \operatorname{tang}\frac{1}{2}OB$ sera constant, quel que soit l'arc mené par le point O.

Pour démontrer ce théorème, projetons la figure sur le plan tangent en O, en prenant pour centre de projection le point diamétralement opposé au point O. Soient a et b les projections de A et de B. Dans ce genre de projection qu'on nomme *stéréographique*, un cercle se projette suivant un autre cercle; donc le produit $Oa \times Ob$ sera constant. Mais Oa et Ob sont proportionnels aux tangentes de $\frac{1}{2}OA$ et $\frac{1}{2}OB$; donc le produit $\operatorname{tang}\frac{1}{2}OA \times \operatorname{tang}\frac{1}{2}OB$ sera constant. Ce qu'il fallait démontrer.

5. Quand les divers moyens que nous venons d'indiquer ne réussiront pas à faire trouver le théorème que l'on a en vue, on y arrivera presque toujours en suivant pas à pas la marche qui a conduit au théorème de géométrie plane que l'on veut généraliser. Par exemple, dans un triangle rectiligne la bissectrice d'un angle partage le côté opposé en parties proportionnelles aux côtés adjacents. Soit AA' la bissectrice de l'angle A. On a

$$\frac{A'A}{AC} = \frac{\sin C}{\sin AA'C}, \quad \frac{A'A}{AB} = \frac{\sin B}{\sin AA'B}.$$

Mais

$$\sin AA'C = \sin AA'B \quad \text{et} \quad \frac{\sin B}{\sin C} = \frac{b}{c};$$

donc

$$\frac{A'C}{A'B} = \frac{b}{c}.$$

En suivant la même marche, on obtiendra le théorème suivant :

Dans tout triangle sphérique, la bissectrice d'un angle partage le côté opposé en deux parties dont les sinus sont proportionnels aux sinus des côtés adjacents.

NOTE VII.

SUR LA CONSTRUCTION DES TABLES DE SINUS NATURELS, PRINCIPALEMENT EN CE QUI A RAPPORT AU DEGRÉ D'APPROXIMATION DES CALCULS;

PAR M. A.-J.-H. VINCENT,
Membre de l'Institut.

Partons de la formule

$$\sin a = 3 \sin \frac{1}{3} a - 4 \sin^3 \frac{1}{3} a,$$

qui donne, en substituant, dans le dernier terme, $\frac{1}{3} a$ au lieu de $\sin \frac{a}{3}$,

$$\sin a > 3 \sin \frac{1}{3} a - \frac{4}{27} a^3.$$

Dans cette inégalité, remplaçons partout a par $\frac{a}{3}$, nous aurons

$$\sin \frac{1}{3} a > 3 \sin \frac{1}{9} a - \frac{4}{27^2} a^3;$$

remplaçons de même a par $\frac{a}{3}$ dans cette seconde inégalité, puis de même a par $\frac{a}{3}$ dans l'inégalité obtenue, et ainsi de suite; nous obtiendrons de cette manière une série d'inégalités successives, que nous pourrons écrire ainsi, en reprenant à partir de la première :

$$\sin a > 3 \sin \frac{a}{3} - 4 \frac{a^3}{3^3},$$

$$\sin \frac{a}{3} > 3 \sin \frac{a}{3^2} - 4 \frac{a^3}{3^6},$$

$$\sin \frac{a}{3^2} > 3 \sin \frac{a}{3^3} - 4 \frac{a^3}{3^9},$$

$$\sin \frac{a}{3^3} > 3 \sin \frac{a}{4^4} - 4 \frac{a^3}{3^{12}},$$

et généralement

$$\sin\frac{a}{3^{n-1}} > 3\sin\frac{a}{3^n} - 4\frac{3}{3^{3n}}.$$

Maintenant, supposons que l'on multiplie ces diverses inégalités, à partir de la seconde, par les puissances successives de 3 jusqu'à 3^{n-1}, et que l'on ajoute tous les résultats; il en résultera, quand on aura supprimé tous les termes qui se détruisent,

$$\sin a > 3^n \sin\frac{a}{3^n} - 4\frac{a^3}{27}\left(1 + \frac{1}{9} + \frac{1}{9^2} + \frac{1}{9^3} + \ldots\right).$$

Dans ce résultat, faisons $n = \infty$; l'arc infiniment petit $\frac{a}{3^n}$ se confondra avec son sinus, ce qui réduira la première partie du second membre à l'arc a lui-même, en introduisant aux deux termes de la fraction le facteur commun 3^n, que l'on pourra supprimer. Quant à la seconde partie, la progression indéfinie par quotient qui est dans la parenthèse se réduira à $\frac{9}{8}$; et ainsi, attendu que $\frac{4}{27} \times \frac{9}{8} = \frac{1}{6}$, l'inégalité se réduira à la suivante :

$$\sin a > a - \frac{1}{6}a^3,$$

ou, ce qui est la même chose,

$$a - \sin a < \frac{1}{6}a^3;$$

c'est-à-dire que la limite de l'erreur commise quand on prend un petit arc à la place de son sinus, est égale à *un sixième du cube de ce petit arc*.

Sous un autre point de vue, les quantités a et $a - \frac{1}{6}a^3$, étant deux limites, l'une supérieure, l'autre inférieure, entre lesquelles se trouve comprise la valeur de $\sin a$, cherchons de même deux limites pour $\cos a$. Or, celles-ci s'obtiendront en substituant dans $\cos a$ exprimé en fonction de $\sin a$, ou mieux de $\sin\frac{1}{2}a$, les deux valeurs limites de cette dernière ligne trigonométrique, ce qui donnera :

1° $$\cos a = 1 - 2\sin^2\frac{1}{2}a,$$

2° $$\cos a > 1 - 2\frac{a^2}{4}, \quad \text{ou} \quad \cos a > 1 - \frac{a^2}{2},$$

3° $$\cos a < 1 - 2\left[\frac{a}{2} - \frac{1}{6}\left(\frac{a}{2}\right)^3\right]^2,$$

ou

$$\cos a < 1 - \frac{a^2}{2}\left[1 - \frac{1}{6}\left(\frac{a}{2}\right)^2\right]^2,$$

et *a fortiori*, en développant et supprimant le terme négatif du sixième degré dans le second membre,

$$\cos a < 1 - \frac{a^2}{2} + \frac{a^4}{24}.$$

Ainsi, comme on le voit, au moyen des quatre termes $\frac{a}{1}$, $\frac{a^2}{1.2}$, $\frac{a^3}{1.2.3}$ et $\frac{a^4}{1.2.3.4}$, on peut exprimer les valeurs approchées des sinus et des cosinus, ainsi que les limites de ces valeurs approchées; ce sont :

Pour la valeur approchée, *en plus*, de $\sin a$: le terme a, et pour la limite de l'erreur, $\frac{a^3}{6}$;

Pour la valeur approchée, *en moins*, de $\cos a$: l'expression $1 - \frac{a^2}{2}$, et pour la limite de l'erreur, $\frac{a^4}{24}$, c'est-à-dire un *vingt-quatrième de la quatrième puissance de l'arc*.

Et par suite encore, $a - \frac{a^3}{6}$ serait une valeur du sinus approchée *en moins*, et $1 - \frac{a^2}{2} + \frac{a^4}{24}$ une valeur du cosinus approchée *en plus*.

(L'unité ou le terme 1 peut même aussi, quand l'arc est extrêmement petit, être lui-même considéré comme une valeur du cosinus, approchée *en plus*, la limite de l'erreur étant alors $\frac{a^2}{2}$ ou la *moitié du carré de l'arc*.)

Prenons pour a la *seconde du degré centésimal*, ou la *millionième* partie du quadrant, dont la valeur, quand on fait le rayon égal à l'unité, est

$$\frac{\pi}{2000000} = 0,00000\,15707\,96326\,795 :$$

l'erreur commise en employant cet arc pour son sinus sera alors moindre que

$$\frac{1}{6}(0,0000016)^3, \quad \text{ou} \quad \frac{1}{6}0,000000000000000004096,$$

ou

$$0,000000000000000001,$$

c'est-à-dire l'*unité décimale* du dix-huitième ordre : on pourra donc pousser le calcul de la valeur de a jusqu'à la dix-huitième décimale, et considérer le résultat comme représentant, jusqu'à cette limite, la valeur de $\sin a$, ce qui exige l'emploi des douze premières décimales du nombre π.

Quant à la valeur de $\cos a$, en la supposant égale à $1 - \frac{a^2}{2}$, on ne commettra pas d'erreurs dans les vingt-quatre premières décimales, car il est facile de voir que $\frac{1}{24}(0,000002)^4$ est moindre que l'unité du vingt-quatrième ordre; et pour atteindre ce degré d'approximation pour le cosinus, la même valeur de a est encore suffisante; en effet, le terme $\frac{a^2}{2}$ ayant onze zéros entre la virgule et le premier chiffre significatif, et présentant d'ailleurs autant de chiffres significatifs exacts que a, les 12 décimales de π, ou les 18 de a, nous en donneront 24 pour $\cos a$.

Cela posé, prenons les deux formules de *Th. Simpson :*

$$\sin(m+1)a = \sin ma \times 2\cos a - \sin(m-1)a,$$
$$\cos(m+1)a = \cos ma \times 2\cos a - \cos(m-1)a,$$

dans lesquelles nous ferons $a = 1''$, et supposons-y successivement $m = 1$, $m = 2, \ldots$ jusqu'à $m = 999999$, hypothèse finale qui reproduit le quadrant. En réalité d'ailleurs, on n'a pas besoin de dépasser le demi-quadrant; mais en admettant même le cas défavorable où l'on irait jusqu'au quadrant entier, nous voulons faire voir que néanmoins, *malgré l'accumulation successive des erreurs,* on obtiendrait encore *douze décimales exactes* pour les sinus et cosinus des arcs même les plus rapprochés de cette limite extrême.

A cet effet, soit représentée par δ la fraction d'unité du dix-huitième ordre dont $\sin 1''$ est en défaut; l'erreur de $\cos 1''$ devra être négligée comme étant d'un ordre décimal beaucoup plus élevé, ou plutôt parce que le nombre de chiffres significatifs exacts de $\cos 1''$ est beaucoup plus élevé que celui de $\sin 1''$ (24 au lieu de 18).

D'après cela, la limite de l'erreur de $\sin 2''$ sera 2δ; celle de $\sin 3''$ sera $2\delta \times 2 - \delta$, ou 3δ; celle de $\sin 4''$ sera $3\delta \times 2 - 2\delta$, ou 4δ; et généralement la limite de l'erreur de $\sin(m+1)1''$ sera $m\delta \times 2 - (m-1)\delta$, ou $(m+1)\delta$. Par conséquent, ces erreurs successives, ou plutôt, leurs limites supérieures, formant une progression par différence dont la raison est δ, il en résultera pour l'arc de $1000000''$, c'est-à-dire pour le quadrant, une erreur limite de 1000000δ, ce qui fait la même fraction de l'unité décimale du douzième ordre, que δ l'est du dix huitième. Conséquemment, le nombre des décimales certainement exactes, ou sur lesquelles on peut compter, se trouvera ainsi réduit de 18 à 12; mais il ne sera pas nécessaire de descendre au-dessous de ce dernier nombre.

De même, soit ε la fraction de l'unité décimale du vingt-quatrième ordre, dont le $\cos 1''$ est en défaut. L'erreur limite de $\cos 2''$ sera 4ε, parce qu'ici les deux facteurs du terme $\cos 1'' \times 2\cos 1''$ étant comparables, on ne doit plus rien négliger. Celle de $\cos 3''$ sera $5\varepsilon \times 2 - \varepsilon = 9\varepsilon$; celle de $\cos 4''$ sera de même $10\varepsilon \times 2 - 4\varepsilon = 16\varepsilon$; celle de $\cos 5''$ sera $17\varepsilon \times 2 - 9\varepsilon = 25\varepsilon$, et ainsi de suite; c'est-à-dire, en généralisant, que $\cos(m+1)1''$ comporte une erreur limite de

$$(m^2+1)\varepsilon \times 2 - (m-1)^2\varepsilon = (m+1)^2\varepsilon,$$

ce qui montera, pour l'arc de 100°, à $10^{12}\varepsilon$, et fera, par conséquent, perdre à la série des cosinus 12 décimales sur les 24, de même que la série des sinus en avait perdu 6 sur 18.

On voit donc que, d'un côté comme de l'autre, *on conserve 12 décimales exactes dans toute la suite des calculs.*

(Extrait des *Nouvelles Annales de Mathématiques.*)

NOTE VIII.

SUR UNE LIMITE DE L'ERREUR QUE L'ON COMMET EN REMPLAÇANT LA LONGUEUR D'UNE CIRCONFÉRENCE OU LE PÉRIMÈTRE D'UN POLYGONE RÉGULIER CIRCONSCRIT PAR CELUI DU POLYGONE INSCRIT SEMBLABLE AU PREMIER;

PAR M. LIONNET,
Examinateur d'admission à l'École Navale.

1. Théorème. — *L'excès de la circonférence sur le périmètre d'un polygone régulier inscrit est moindre que le côté du polygone.*

Si l'on prend le rayon pour unité et qu'on désigne par n le nombre des côtés du polygone, la longueur de son côté aura pour mesure $2\sin\frac{\pi}{n}$, et il s'agira de démontrer l'inégalité

$$2\pi - 2n\sin\frac{\pi}{n} < 2\sin\frac{\pi}{n} \quad \text{ou} \quad \frac{\pi}{n+1} < \sin\frac{\pi}{n},$$

ou enfin

$$\frac{\pi}{n} - \frac{\pi}{n+1} = \frac{\pi}{n(n+1)} > \frac{\pi}{n} - \sin\frac{\pi}{n}.$$

Or on a $\frac{\pi}{n} - \sin\frac{\pi}{n} < \frac{\pi^3}{6n^3}$, ce qui nous ramène à démontrer la relation

$$\frac{\pi^3}{6n^3} < \frac{\pi}{n(n+1)}$$

ou

$$\pi^2 < \frac{6n^2}{n+1} = \frac{6n}{1+\frac{1}{n}}. \tag{1}$$

Or l'inégalité $\pi < \frac{22}{7}$ donne $\pi^2 < \frac{484}{49} < 10$, tandis que le second membre de (1) est supérieur à 13 pour $n = 3$ et augmente avec n; donc le théorème est démontré.

Remarque. — Nous allons donner une démonstration géométrique du même théorème.

2. Théorème. — *La différence des périmètres p et P de deux polygones reguliers, d'un même nombre n de côtés supérieur à 5, l'un inscrit et l'autre circonscrit à une même circonférence, est moindre que le côté du polygone inscrit* (a).

Soit CD un côté de P tangent à l'arc AMB en son milieu M et divisé par ce point en deux parties égales. Il s'agit de prouver que, pour $n > 5$, on a

$$CD.n - AB.n < AB \quad \text{ou} \quad CD - AB < \frac{AB}{n}$$

ou enfin

$$(1) \qquad CA < \frac{1}{n},$$

en remplaçant CD, AB par les rayons OC, OA qui leur sont proportionnels et prenant OA pour unité; mais la tangente CM, égale à $\frac{P}{2n}$, étant moyenne proportionnelle entre la sécante entière $CA + 2$ et le segment CA, on a

$$\frac{P^2}{4n^2} = (CA + 2)CA.$$

Remplaçant CA par $\frac{1}{n}$ et multipliant les deux membres par n^2, il vient

$$(2) \qquad \left(\frac{P}{2}\right)^2 < 2n + 1.$$

Cette inégalité, équivalente à (1), devenant $12 < 13$ pour $n = 6$, est vérifiée par cette valeur de n. Elle l'est aussi par $n > 6$, puisque, n augmentant, P diminue et $2n + 1$ augmente; donc le théorème est démontré.

Remarque. — Pour $n < 6$, le premier membre de (2) est supérieur à 12, tandis que le second est égal ou inférieur à 11; donc alors l'inégalité a lieu en sens contraire, ce qui justifie la restriction $n > 5$ dans l'énoncé du théorème.

Corollaire. — *L'excès de la circonférence sur le périmètre d'un polygone régulier inscrit est moindre que le côté du polygone.* L'inégalité

$$2\pi - AB.n < AB \quad \text{ou} \quad 2\pi < AB(n+1)$$

qu'il s'agit de démontrer, est, pour $n > 5$, une conséquence immédiate du théorème (2); car on a évidemment $2\pi - p < P - p$. On la vérifie d'ailleurs très-facilement pour $n < 6$, en observant (1) qu'on a $\pi^2 < 10$ et que les valeurs de AB correspondant aux valeurs 3, 4, 5 de n sont respectivement

$$\sqrt{3}, \quad \sqrt{2}, \quad \sqrt{\frac{5 - \sqrt{5}}{2}}.$$

(a) Le lecteur est prié de faire la figure.

3. Théorème. — *On peut inscrire et circonscrire à un même cercle deux polygones réguliers d'un assez grand nombre n de côtés pour que la différence d_n de leurs périmètres soit moindre qu'une partie aliquote du côté a_n du polygone inscrit, aussi petite qu'on voudra.*

On sait qu'on a

$$d_{2n} < \frac{1}{4} d_n, \quad a_n < 2 a_{2n}, \quad d_6 < a_6.$$

Il en résulte

$$d_{12} < \frac{1}{4} d_6 < \frac{1}{4} a_6 < \frac{1}{2} a_{12}.$$

On trouve pareillement

$$d_{24} < \frac{1}{4} d_{12} < \frac{1}{8} a_{12} < \frac{1}{4} a_{24};$$

et ainsi de suite; donc on a généralement

$$d_{6.2^k} < \frac{1}{2^k} a_{6.2^k} \quad \text{ou} \quad d_n < \frac{1}{2^k} a_n,$$

en posant $6.2^k = n$. Le nombre entier k pouvant être supposé aussi grand qu'on voudra, le théorème est démontré.

Corollaire. — *On peut inscrire à un cercle un polygone régulier d'un assez grand nombre de côtés pour que l'excès de la circonférence sur le périmètre du polygone soit moindre qu'une partie aliquote de son côté, aussi petite qu'on voudra.* Car on a évidemment $2\pi - p < P - p$.

Remarque. — Dans la démonstration analytique du théorème (1) nous avons supposé la relation $a - \sin a < \frac{a^3}{6}$ démontrée (page 178) au moyen de la formule $\sin 3a = 3 \sin a - 4 \sin^3 a$. En voici une autre démonstration, déduite de la formule plus simple $\sin 2a = 2 \sin a \cos a$.

4. Théorème. — *L'erreur que l'on commet en remplaçant un arc positif quelconque par son sinus est moindre que le sixième du cube de l'arc.*

Si dans la formule $\sin a = 2 \sin \frac{a}{2} \cos \frac{a}{2}$ on remplace $\cos \frac{a}{2}$ par $1 - 2 \sin^2 \frac{a}{4}$, on aura

$$\sin a = 2 \sin \frac{a}{2} - 4 \sin \frac{a}{2} \sin^2 \frac{a}{4}.$$

Or on a $\sin \frac{a}{2} < \frac{a}{2}$, $\sin \frac{a}{4} < \frac{a}{4}$, $\sin^2 \frac{a}{4} < \frac{a^2}{16}$ et, par suite, $4 \sin \frac{a}{2} \sin^2 \frac{a}{4} < \frac{a^3}{8}$;

donc il vient

$$(1) \qquad \sin a > 2 \sin \frac{a}{2} - \frac{a^3}{8}.$$

Remplaçant a par $\frac{a}{2}$ dans cette inégalité, dans celle qui en résulte, et ainsi de suite, on a successivement

$$(2)\qquad \sin\frac{a}{2} > 2\sin\frac{a}{2^2} - \frac{a^3}{8}\times\frac{1}{2^3}$$

$$(3)\qquad \sin\frac{a}{2^2} > 2\sin\frac{a}{2^3} - \frac{a^3}{8}\times\frac{1}{2^6}$$

$$\cdots\cdots\cdots\cdots\cdots\cdots$$

et, en général,

$$(n)\qquad \sin\frac{a}{2^{n-1}} > 2\sin\frac{a}{2^n} - \frac{a^3}{8}\times\frac{1}{2^{3(n-1)}}.$$

Multipliant les inégalités (1), (2), (3),..., (n) respectivement par 1, 2, 2^2,..., 2^{n-1}, faisant la somme des inégalités résultantes et supprimant les termes communs aux deux membres, il vient

$$\sin a > 2^n\sin\frac{a}{2^n} - \frac{a^3}{8}\left(1+\frac{1}{4}+\frac{1}{4^2}+\cdots+\frac{1}{4^{n-1}}\right);$$

d'ou l'on déduit

$$\frac{\sin a}{a} > \frac{\sin\frac{a}{2^n}}{\frac{a}{2^n}} - \frac{a^2}{8}\left(1+\frac{1}{4}+\frac{1}{4^2}+\cdots+\frac{1}{4^{n-1}}\right).$$

Cela étant, si l'on suppose que le nombre entier n croisse indéfiniment, le rapport $\sin\frac{a}{2^n}:\frac{a}{2^n}$ et la somme $1+\frac{1}{4}+\cdots+\frac{1}{4^{n-1}}$ auront pour limites l'unité et la fraction $\frac{4}{3}$, ce qui réduit l'inégalité précédente à

$$\frac{\sin a}{a} > 1 - \frac{a^2}{6} \quad \text{ou} \quad a - \sin a < \frac{a^3}{6}.$$

(Extrait des *Nouvelles Annales de Mathématiques.*)

FIN.

1879 Paris — Imprimerie de GAUTHIER-VILLARS, quai des Augustins, 55.

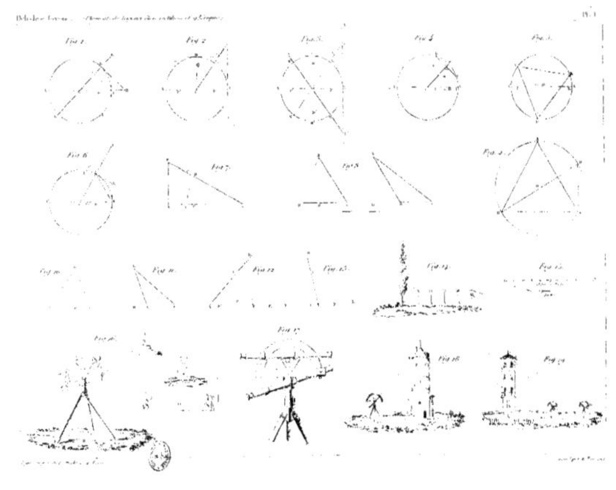

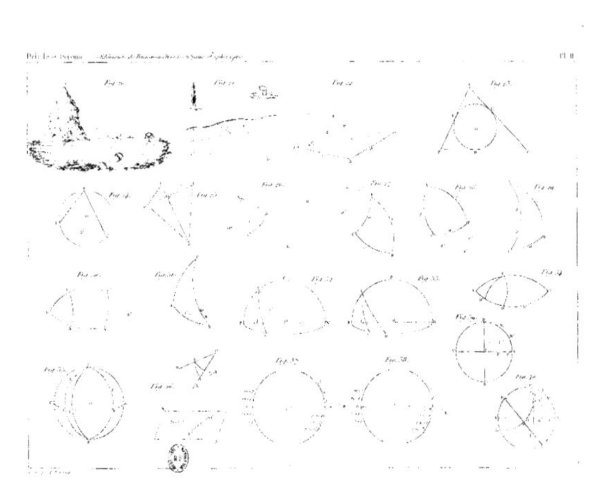

www.ingramcontent.com/pod-product-compliance
Ingram Content Group UK Ltd.
Pitfield, Milton Keynes, MK11 3LW, UK
UKHW020324230726
13925UKWH00002B/612